MITTHEILUNGEN

der

Geographischen Gesellschaft in Hamburg

1885—86.

Heft III.

Im Auftrage des Vorstandes herausgegeben
von
L. Friederichsen,
erstem Sekretair.

Mit einem Portrait und einer Originalkarte.

HAMBURG.
L. Friederichsen & Co.
Land- und Seekartenhandlung,
geographische und nautische Verlagshandlung.
Neuerwall 61.
1887.

INHALT.

Tafeln.

D.r Fischer

MITTHEILUNGEN

der

Geographischen Gesellschaft in Hamburg

1885—86.

Im Auftrage des Vorstandes herausgegeben

von

L. Friederichsen,

erstem Sekretair.

Mit einem Portrait und einer Originalkarte.

HAMBURG.

L. Friederichsen & Co.

Land- und Seekartenhandlung,

geographische und nautische Verlagshandlung.

Neuerwall 61.

1887.

Inhaltsverzeichniss.

Tafeln.

Berichtigungen.

Berichtigungen zu Dr. W. Sievers' Reiseberichten siehe pg. 133.

Dr. med. G. Adolf Fischer †.

Nekrolog, gehalten in der Geographischen Gesellschaft in Hamburg am 2. Dezember 1886

von

L. Friederichsen.

Meine Herren! Abermals tritt an Ihren Vorstand die traurige Pflicht heran, von dieser Stelle aus einen Nachruf ergehen lassen zu müssen an einen der verdientesten der neueren Afrika-Reisenden und eifrigsten Anhänger der Kultivation Afrika's. Unser Freund Dr. G. Adolf Fischer, den wir noch in der vorigen Sitzung als Gast unserer Gesellschaft begrüssen, ihn ob seiner glücklichen Rückkehr aus Inner-Afrika preisen konnten, ist wenige Tage nachdem er Hamburg wieder verlassen, in der Mittagsstunde des 11. November im Hedwigs-Hospital in Berlin einem pernitiösen tropischen Fieber erlegen.

Der weit über die Grenzen Deutschlands hinaus gekannte und nunmehr betrauerte Forscher hat sich um unsere Gesellschaft durch seine in Ihrem Auftrage und mit Ihrer Unterstützung unternommenen ostafrikanischen Reisen besonders verdient gemacht; es dürfte daher angezeigt erscheinen, Ihnen in Kürze in's Gedächtniss zurückzurufen, was der Verstorbene für unsere Gesellschaft, was für die geographische Forschung überhaupt geleistet hat.

Der Betrauerte wurde am 3. März 1848 als ältester Sohn des, einer alten Barmer Familie angehörigen Bankiers G. A. Fischer in Barmen geboren. Im elterlichen Hause erzogen und auf dem Barmer Gymnasium für die Universität herangebildet, bezog Fischer, nachdem er 1869 in Köln das Abiturienten-Examen absolvirt, die Universität Bonn. Von da siedelte er im

Sommer 1871 nach Würzburg und im Sommer 1872 nach Berlin über. Er promovirte im December 1872 in Würzburg und machte daselbst auch 1873 sein medicinisches Staatsexamen. Im Herbst 1873 genügte Fischer seiner Militärpflicht in Berlin als Freiwilliger des ersten Dragoner-Regiments und trat dann als Assistenzarzt bei dem in Emden garnisonirten ostfriesischen Infanterie-Regiment in den Militärdienst über. Nach Ablauf eines Jahres schon liess er sich zur Reserve schreiben, um sich in Berlin für seine erste ostafrikanische Reise vorbereiten zu können. Adolf war der älteste von fünf Geschwistern (vier Brüder und eine Schwester). Bei seiner jüngsten Rückkehr aus Inner-Afrika vor wenigen Monaten fand er in Sansibar als ersten Gruss aus der Heimath die Trauerbotschaft vor, dass sein zweiter Bruder am tropischen Fieber binnen wenigen Stunden in Fort Dauphin (Liberté) auf Haiti gestorben sei.

Als Clemens Denhardt im Juni 1876 den Plan einer neuen deutschen Expedition zur weiteren Erschliessung Ost-Aequatorial-Afrika's verfolgte und durch Errichtung von Handelsstationen in engeren Verkehr mit den Galla- und Somali-Stämmen zu treten sich anschickte, schiffte sich Dr. Fischer Ende 1876 in Hamburg nach Sansibar ein, um dort für das Denhardt'sche Unternehmen vorbereitend zu wirken. Denhardt traf im Mai 1878 in Sansibar ein. Mittlerweile hatte Fischer eine siebenmonatliche Exkursion in die südlichen Galla-Länder und in das Land Wito gemacht, dessen Sultan sich nach Richard Brenner's Berichten stets deutschfreundlich bewiesen und dem Preussischen Auswärtigen Amt die Oberhoheit über sein Gebiet angetragen haben sollte. In seinem Reisebericht*) schilderte er uns in trefflicher Weise den Küstenstrich zwischen Mombassa und Lamu und brachte uns die ersten sicheren Nachrichten über den Werth des jetzt unter deutschem Protektorat stehenden Landes Wito sowie über die Bedeutung resp. Unbedeutendheit seines Sultans Achmed genannt Simba.

Im Verein mit den Brüdern Denhardt trat Fischer am 23. Mai 1878 von Sansibar aus seine zweite Reise nach dem Tana-Fluss an, welche flussaufwärts bis Massa führte. Den dreimonatlichen Aufenthalt hier im Wapokomo-Lande hat Fischer in unseren Mittheilungen 1878—79 beschrieben. Im December desselben Jahres zusammen mit den Brüdern Denhardt nach Sansibar zurückgekehrt, beschloss Fischer sich daselbst als praktischer Arzt niederzulassen. Bis zum 1. Okt. 1882, also 3½ Jahre, hat er in Sansibar prakticirt und sich während dieser

*) Mittheilungen der Geographischen Gesellschaft in Hamburg 1876—77.

Zeit die Herzen aller dort ansässigen Europäer zu gewinnen gewusst. Er durfte sich rühmen, während dieser Zeit 2050 Malariakranke behandelt und von dieser grossen Anzahl nur einen Europäer, der gleichzeitig mit einem andern Leiden behaftet war, durch den Tod verloren zu haben.

Um den lang gehegten und während 5 Jahren verfolgten Plan einer grösseren Entdeckungsreise in das äquatoriale Ost-Afrika zur Ausführung zu bringen, proponirte mir Fischer unter'm 4. Mai 1882, seine beabsichtigte Expedition in das Massai-Land zu einer speciell hamburgischen machen zu wollen, wenn ihm von Hamburg aus ein Zuschuss von *M.* 15,000 zu seinen eigenen Mitteln gewährt werde. Es gereicht mir heute zur grossen Genugthuung, diese Summe für den durch seine Antecedentien wohl empfohlenen und beispiellos anspruchslosen Forscher privatim zusammen gebracht und sie unserer Gesellschaft für die geplante Massai-Expedition zur Verfügung gestellt zu haben. Am 30. December 1882 trat Fischer seine Reise von Pangani aus an und durchquerte als erster Europäer das Land der als räuberisch und blutgierig verschrieenen Massai. Mit kleinen Mitteln, verschwindend gegenüber denjenigen des ihm kurz darauf folgenden Engländers Joseph Thomson, erreichte er den Naiwascha-See und kehrte, durch das feindliche Auftreten der Massai gezwungen, ebenfalls auf früher unbekannten Wegen nach Pangani zurück. Der Bericht über diese höchst wichtige Reise und über die heimgebrachten bedeutenden naturwissenschaftlichen und ethnographischen Sammlungen, welche bekanntlich sämmtlich unseren hamburgischen Museen einverleibt worden sind, befindet sich im Jahrgang 1882—83 der »Mittheilungen« unserer Gesellschaft abgedruckt. Diverse Special-Abhandlungen über die reiche zoologische Ausbeute, so zumal über die ornithologische, sind an anderen Orten, so in den »Abhandlungen der wissenschaftlichen Anstalten Hamburg's« und in der »Zeitschrift für die gesammte Ornithologie« publicirt worden. Ueber die wissenschaftliche Bedeutung der Entdeckungen und Beobachtungen Fischer's auf dieser Massai-Reise giebt es unter Fachmännern des In- und Auslandes nur eine Stimme des Lobes; für Deutschland haben sie seit der Bildung der Ostafrikanischen Gesellschaft auch in wirthschaftlicher Beziehung ein besonderes Interesse erlangt.

Im November 1883 von der gefahrvollen Massai-Reise nach Deutschland zurückgekehrt, widmete sich Fischer in Berlin und Hamburg der Bearbeitung seiner Sammlungen und Erfahrungen und als die Wogen deutscher kolonialpolitischer Bestrebungen ihren Höhepunkt erreicht und ein klares Denken und eine nüchterne Auffassung der

Verhältnisse von der Tagesordnung gestrichen zu sein schienen, da kam Fischer nach Hamburg und hielt hier auf dem 5. Deutschen Geographentag den bekannten zündenden Vortrag über resp. gegen die Verwendung des Europäers im tropischen Afrika. Wenige Tage darauf erschien sein Recept gegen das bedenklich grassirende Afrikafieber, betitelt: »Mehr Licht im dunklen Welttheil. Betrachtungen über die Kolonisation des tropischen Afrika unter besonderer Berücksichtigung des Sansibargebiets«. Diese Aufsehen erregende Schrift, welche, um mit den Worten eines unserer berühmtesten Geographen zu reden, wie ein kalter Wasserstrahl auf die unverständigen Afrikawüthigen, die in dem dunklen Erdtheil schon jetzt alles Heil für das Noth leidende Europa erblicken möchten, wirkte, und in welcher, wie Prof. Virchow jüngst in der Berliner anthropologischen Gesellschaft sagte, der Verfasser es wie wenige der vielen Afrikaforscher verstanden hat, seine werthvollen Beobachtungen in einer der ganzen Nation verständlichen Weise darzulegen, ist, wie Dr. Grimm in seiner Brochure: »Der wirthschaftliche Werth von Deutsch-Afrika« ganz richtig bemerkt, weit mehr besprochen, als wirklich gelesen worden. Und doch ist und bleibt sie eine Quelle der Belehrung für Alle, denen die Civilisation und Kultivation Ost-Afrika's am Herzen liegt. Was Fischer 1885 geschrieben, würde er, wenn ihn der Tod nicht so plötzlich aus unserer Mitte gerissen, nach abermaligem längeren Aufenthalt in Ost-Afrika wiederholt und Denjenigen einer Versündigung gegen seine Mitmenschen geziehen haben, der es gewagt, auf die Frage: Wohin auswandern? zu antworten: Nach den deutschen Kolonien Afrika's! »Das tropische Afrika ist und bleibt vorerst mehr oder weniger eine Todtenkammer für den Europäer! Die gesunden Gebiete Central-Afrika's sind die unfruchtbaren und die fruchtbaren sind die ungesunden! Nur in der Plantagenwirthschaft beruht die Zukunft und in der unerschöpflichen Arbeitskraft des Negers, der Schatz Central-Afrika's!« In vorstehenden wenigen Sätzen ist uns ein schwer wiegendes, mit dem Tode des besten Kenners und besonnensten Beurtheilers ostafrikanischer Verhältnisse besiegeltes Vermächtniss hinterlassen worden. Möchte es Allen, denen die Wohlfahrt des Vaterlandes am Herzen liegt und die ihm gerne bittere Enttäuschungen erspart sähen, ein mahnendes Wort sein zu besonnenem Handeln! —

Mitte April 1885 trat Fischer an das Wagestück heran, die seit Jahren verschollenen Dr. Wilhelm Junker, Dr. Emin Bey und Casati in der ägyptischen Aequatorialprovinz aufzusuchen und wenn möglich zu befreien. Er langte zu einer Zeit in Sansibar an, wo die Bestrebungen der deutsch-ostafrikanischen Gesellchaft eine feindliche Haltung des Sultan's Seyd Bargasch veranlasst und in Folge dessen die Anwerbung von zuverlässigen Trägern mit doppelten Kosten und Schwierigkeiten verbunden war. Dennoch gelang es ihm, freilich mit Einsetzung seiner eigenen Ersparnisse, in Pangani eine Karawane von 221 Leuten zusammenzubringen und mit diesen am 2. August aufzubrechen. Den Weg, den er genommen, die Schwierigkeiten, die sich der Erfüllung seiner Mission entgegengestellt, hat der Reisende selbst Ihnen in unserer letzten Sitzung zu schildern sich bemüht. Ich sage »bemüht«, weil ich mich des Eindrucks nicht erwehren kann, dass die unserem verstorbenen Freunde eigene Bescheidenheit auch in seinem letzten Vortrage hervortrat und ihm nicht rathsam erschienen liess, einerseits wichtige neue Entdeckungen nachdrücklich zu betonen, andererseits die Unausführbarkeit seiner Mission zu beweisen. Heute, wo wir durch Junker's, Emin Bey's und Casati's Briefe, sowie durch die an die Church Missionary Society gerichteten Briefe der Missionäre Ashe und Mackay über die haarsträubenden Zustände in Buganda lauter als es Fischer vermochte unterrichtet worden sind, heute, wo der heimkehrende Junker angesichts der ersehnten Sansibar-Küste den Strang und abermals den Strang heraufbeschwört für den Sultan Muanga, der noch kurz vor Junker's Abreise 12 zum Christenthum übergetretenen Unterthanen Hände und Füsse abhacken und 32 desgleichen auf den Scheiterhaufen führen und lebendig verbrennen liess, da würde es mir schlecht anstehen, wollte ich diese Stimmen durch meine Ueberzeugung zu verstärken suchen.

Auf einer ganz neuen Route, über das nördliche, dem deutschen Schutzgebiete angehörige Ungu,*) dann über Kibaia, Irangi, Ussandavi und gen Norden durch die 100 Fuss unter dem Spiegel des Victoria Nyansa liegende Wembaere-Steppe, gelangte Fischer im November nach Kagehi am Victoria Nyansa. Dort sandte er sofort zuverlässige Boten an den Sultan Muanga von Buganda und liess sich die Erlaubniss ausbitten, mit seiner Karawane Buganda durchziehen zu dürfen, um Junker zu suchen und zu befreien. Nach Verlauf von 52 Tagen, während welcher Fischer und 80 % seiner Leute schwer am Fieber erkrankten, kehrten die Boten mit verneinendem Bescheid zurück. Sie überbrachten gleichzeitig einen Brief des in Buganda ansässigen bekannten englischen Missionairs Mackay, welcher Fischer und seiner gesammten Karawane dasselbe Schicksal in Aussicht stellte,

*) Ungu, nicht Unguru heisst nach Fischer dies Land.

welches kurz vorher den Bischof Hannington sammt Gefährten ereilte. Da gegenüber einer Streitkraft von 50,000 Mann an ein gewaltsames Landen in Buganda vermittelst der in Kagehi zur Verfügung stehenden Boote nicht zu denken war, auch ein Vordringen durch die dem Sultan Muanga botmässigen Länder im Westen des Victoria Nyansa unmöglich schien, auch die mitgenommenen Waaren absolut nicht im Westen des Victoria-Sees zu verwerthen waren, so sah sich Fischer gezwungen, auf bisher von Europäern nie betretenen Wegen im Osten des grossen Sees, durch das Land der Ururi, Kawirondo, Kawanga und Njoro, den Nil und Wadelaï, den vermutheten Aufenthalt Junker's, zu erstreben.

In Kawanga (von Thomson irrthümlich Kwa Sundu genannt), wo keine Kawirondo wohnen, hoffte der Reisende Munition gegen Lebensmittel eintauschen und dadurch die Möglichkeit zu weiterem Vordringen erlangen zu können. Aber auch diese Hoffnung wurde vereitelt, eine Hungersnoth in Folge lang anhaltender Dürre hatte das Land in die traurigste Lage versetzt, und nur in der kläglichsten Weise das Leben fristend, musste Fischer den Rückmarsch über den Mbaringo-See, Naiwascha-See, Kikuju, Ukamba und Teita zur Küste nach Wanga antreten.

Körperlich scheinbar wieder gekräftigt, kehrte Fischer in den letzten Tagen des September in das elterliche Haus in Oberbilk bei Düsseldorf zurück. Unverdrossen ob des Misslingens seiner Mission und in der festen Ueberzeugung, einerseits seine Schuldigkeit gethan, andererseits abermals eine bedeutsame Entdeckungsreise in Ostafrika ausgeführt zu haben, setzte er sich sofort daran, einen vorläufigen Reisebericht nebst Karte für die Petermann'schen Mittheilungen zu entwerfen. Damit fertig, traf er am 4. November hier in Hamburg ein, um unserer Gesellschaft in einem Vortrage über seine Erlebnisse zu berichten. Kaum 3 Tage, nachdem der Reisende seine vielen hiesigen Freunde im besten Wohlsein verlassen, um nun in Berlin an die Bearbeitung seines Reisewerks und seiner Sammlungen heranzutreten, brachte der Telegraph bereits die schmerzliche Nachricht, dass Dr. G. A. Fischer an einem tropischen Fieber plötzlich in der Mittagsstunde des 11. November im Alter von 38 Jahren verschieden sei.

Fischer, aus dem Lande stammend, wo der Märker Eisen reckt, nach achtjährigem Aufenthalt im centralen Ostafrika scheinbar gestählt gegen alle Gefahren des tropischen Klimas, ist todt und dem heimkehrenden Dr. Wilhelm Junker ist es nicht mehr vergönnt, dem Manne die Hand zu drücken, dessen eisernem Willen das Wagestück zugemuthet war, ihn aus langjähriger Gefangenschaft zu befreien! Welch' Ironie des Schicksals!

Eine Sektion der Leiche hat unzweifelhaft das Vorhandensein einer ungewöhnlich heftigen Malariainfektion ergeben. Ausser einem kolossalen Milzgeschwulst ist Gastroentiritis (mit Tscharkow'schen Krystallen) und ein beginnender Icterus (Gelbsucht) nachgewiesen worden. Im Uebrigen aber sind die Organe auffallend gesund befunden worden. Trotzdem Fischer früher an Dysenterie gelitten sind keine Darmnarben dagewesen; auch die Lungen — ein sehr seltener Fall — hat man ohne Kohlenfärbung und bis in die Spitzen gesund befunden. Nach Prof. Virchow's Aeusserung spricht dies dafür, dass Fischer die Aussicht auf ein hohes Alter gehabt hat. Am 15. November ist die Leiche in der Fischer'schen Familiengruft in Barmen in würdiger und bescheidener, dem Wirken des Verstorbenen angepasster Weise beigesetzt worden.

Mir war es vergönnt im Auftrage Ihres Vorstandes der Leiche folgen und einen Lorbeerkranz auf den Sarg des Entschlafenen niederlegen zu können. Ich bin von dem Grabe geschieden in dem Bewusstsein, dass Adolf Fischer in dem Gedächtniss seiner zahlreichen Freunde als der Besten Einer fortleben, dass sein Name in den Annalen der Entdeckungsgeschichte mit Ruhm gekrönt verzeichnet stehen, dass die wissenschaftliche Welt ihm heut' und immerdar Dank wissen wird für sein kurzes aber inhaltsreiches Wirken. Lassen Sie uns dem Gefühle des Schmerzes über den frühen Tod dieses beispiellos selbstlosen und hochverdienten Mannes, der die aufopfernde Hingabe für die geographische Wissenschaft und für einen verloren geglaubten Jünger derselben um den Preis des Lebens erkauft, Ausdruck geben, indem wir uns nach guter Sitte von den Sitzen erheben.

Die Geographische Gesellschaft in Hamburg beschloss am 2. December 1886 auf motivirten Antrag des Vorstandes und des Beirathes in Anerkennung der Dienste, welche der am 11. November a. c. verstorbene Dr. G. Adolf Fischer durch seine Forschungsreisen in Ostafrika der geographischen Wissenschaft im Allgemeinen und insbesondere der Geographischen Gesellschaft in Hamburg geleistet hat: „Das Andenken des Dr. med. G. Adolf Fischer durch Zuerkennung ihrer goldenen Kirchenpauer-Medaille zu ehren und dieselbe dem Vater des Hingeschiedenen zur Aufbewahrung in der Familie auszuhändigen".

Handel und Handelsverbindungen Ost-Afrikas.

Von **Kurt Toeppen.**

(Vortrag, gehalten in der geographischen Gesellschaft zu Hamburg am 7. Okt. 1886.)

Der Handel in Ost-Afrika vom Ras Hafun bis zum Kap Delgado, also von ca. 10° N. bis 10° S. centralisirt sich in der Stadt Sansibar auf der gleichnamigen Insel und hier bildet wieder das Zollhaus den Mittelpunkt, welches wir zunächst in Augenschein nehmen wollen. — Dem Sultan Seyd Bargasch gehörend, ist das Zollhaus für ca. zwei Millionen Mark jährlichen Zins an den reichen Banian Yeeram Sewjee verpachtet, der nun berechtigt ist, von allen eingehenden Waaren einen Zoll von 5 % zu erheben. Auf Elfenbein, Kautschuk, Nelken und Häute erhebt der Sultan einen mehr oder minder hohen Extrazoll, der direkt in seine Tasche fliesst. Im Laufe dieses Jahres tritt der mit Deutschland geschlossene neue Handelsvertrag in Kraft, der die alten Bestimmungen etwas alterirt.

Alle Waaren, die aus Europa, Amerika, Indien, Madagaskar und vom Festlande von Afrika kommen, müssen am Zollhause gelandet werden. Dies geschieht vermittelst Leichter, die vermöge des schnell abfallenden Strandes fast in unmittelbarer Nähe des Landes gelangen können. Krähne oder Winden werden nur bei ganz schweren Gegenständen angewandt, gewöhnlich besorgen die lasttragenden Sklaven, Hamalis genannt, das Ausschiffen in primitivster Weise, indem sie den Ballen, die Kiste oder den Sack einfach auf dem Rücken oder an Tragstangen auf der Schulter ans Land schleppen. Auch der Transport vom Zollhaus nach den verschiedenen Handelshäusern in der Stadt wird auf dieselbe Weise besorgt. Karren oder Rollwagen kennt man nicht, und wären solche auch nicht anzuwenden, da die wenigsten Strassen fahrbar sind.

Auf dem Zollhaus ist den ganzen Tag über das regste Leben, indem dasselbe von den arabischen, indischen und europäischen Kaufleuten gewissermaassen auch als Börse benutzt wird; manches Geschäft wird gleich hier abgeschlossen und zwar trotz der grossen Zuschauermenge in der verschwiegensten Weise betreffs der bezahlten Preise.

Die beiden Handelnden reichen sich unter einem Tuch die Hände, besprechen lang und breit das zu machende Geschäft, nennen jedoch niemals eine Zahl, sondern drücken diese vielmehr durch Anfassen der einzelnen Finger und verschiedene Zeichen auf der Handfläche aus, die den Kaufleuten natürlich allgemein bekannt sein müssen.

Die Ausfuhrprodukte Sansibars sind: Elfenbein, Gummi, Kopal, Kautschuk, Orseille, Kopra, Nelken, rother Pfeffer, Seesamsaat, Häute und Muscheln, wogegen namentlich aus Europa, Nord-Amerika und Indien Stoffe, Gewehre, Perlen, Draht, Steingut, Pulver, Petroleum und Spirituosen eingeführt werden. — Wir können stolz darauf sein, dass der Grosshandel hauptsächlich in Händen dreier Hamburger Häuser liegt und wird das Hauptgeschäft in Sansibar mit deutschem Kapital gemacht. Einige der grösseren indischen Firmen haben auch gute direkte Verbindungen mit Europa und die meisten mit ihrem Vaterlande, so dass sie im Stande sind mit Umgehung der in Sansibar etablirten europäischen Häuser direkte Geschäfte namentlich mit London und Manchester und natürlich mit ihrem Vaterlande zu machen. Hierdurch waren die Europäer, welche früher nur mit den grossen indischen Geschäftsleuten verkehrten, gezwungen, sich einen weiteren Kundenkreis unter den kleinen Firmen zu suchen, wodurch vielleicht nicht der Umsatz, so doch der Wirkungskreis vergrössert wurde.

Der Zwischenhandel liegt fast ausschliesslich in Händen indischer Kaufleute aus Cutch,*) welche sich in drei Hauptklassen theilen: Wahindi, Wabaniani und Bahora. Erstere und Letztere sind Mohamedaner, die Banians Heiden. Sie alle sind ausserordentliche Geschäftsleute, und muss der Europäer wohl auf seiner Hut und mit ihrer Art und Weise vertraut sein, um nicht von ihnen übervortheilt zu werden, was selbst unseren ältesten Sansibarern noch hier und da passirt.

An der Küste liegt der ganze Handel leider fast ausschliesslich in den Händen der Indier, und doch unterliegt es gar keinem Zweifel, dass ein Haus, welches in allen vorkommenden Artikeln Geschäfte macht, also den gesammten Export und Import zu machen im Stande ist, den Indiern an der Küste erfolgreiche Konkurrenz machen könnte, denn ebenso wie der Handel in Sansibar mit den Jahren eine andere Gestalt angenommen hat, wie dort der europäische Kaufmann gezwungen wurde auch mit kleinen Firmen und Krämern in Verkehr zu treten, so sollte er noch weiter gehen und den Handel an der Küste nach und nach in seine Hand zu bringen suchen.

---

*) Insel an der Nordwest-Küste Vorder-Indiens.

Merkwürdiger Weise haben die meisten Sansibar-Europäer vom Handel und überhaupt von den Zuständen an der Küste gar keine Ahnung und glauben, die Reisenden lügen ihnen etwas vor, wenn sie über die Zustände am Festlande sprechen. Wer also eine Reise nach dem Innern machen will, suche sich ja keinen Rath in Sansibar, sondern gehe an die Küste und suche dort so viel als möglich zu erfahren, ehe er seine Expedition ausrüstet, denn der Sansibarer kann ihm höchstens sagen, wo der Hippopotamus zu schiessen ist und wo die besten Plätze für Picknicks sind. Dies soll durchaus kein Vorwurf für den Sansibar-Kaufmann sein, denn er hat in Sansibar selbst seine volle Beschäftigung, und wenn er einmal an die Küste geht, so betrachtet er das eben als eine Vergnügungstour, aber ich möchte einmal die Thatsache und wahrscheinlich zur Genugthuung vieler Reisenden konstatiren.

Bei Etablirung von Agenturen an der Küste würden natürlich in erster Linie die bedeutenderen Plätze, also Lamu, Bagamoyo und Kiloa in Betracht kommen; das Klima ist in den beiden letztgenannten leider sehr schlecht, doch fehlen uns die Beispiele, wo das Klima vermocht hat dem Unternehmungsgeist der Deutschen einen Damm zu setzen. Allerdings müsste der Handel an der Küste in einem ganz anderen Maassstabe, ich möchte sagen, kleinlicher betrieben werden als in Sansibar; denn während dort der Europäer fast ausschliesslich mit Indiern verkehrt, so müsste er versuchen, sich an der Küste mehr mit den Eingeborenen in direkte Verbindung zu setzen, damit an den Händen der zwischenhandelnden Indier nicht zuviel Gewinn kleben bleibt. Der Indier ist ein vollendeter Kaufmann und daher der Verkehr mit ihm für einen Kaufmann nicht schwer. Der Eingeborene verlangt eine ganz andere Behandlung und kann man es nur durch langjährige Uebung zu einer gewissen Fertigkeit und der nöthigen Ruhe und Ueberlegenheit bringen. Der Neger ist ein Kind und will als solches behandelt werden: man muss mit dem Neger lachen und scherzen, aber auch die kalte und strenge Seite herauszukehren wissen, wenn dies von Nöthen ist.

Die allgemein verstandene Umgangssprache ist das Ki*) Unguja, eine Mundart des Kisuaheli mit zahlreichen namentlich arabischen, aber auch indischen und europäischen Fremdwörtern. Das Kisuaheli ist eine reiche und hoch entwickelte Sprache, die jedoch von den dortigen Europäern nur selten gut gesprochen wird. Gewöhnlich beschränken sich die Kenntnisse auf das Zahlensystem, einige Aus-

*) Die Vorsilbe Ki bedeutet Sprache, U = Land, M = Mann, Wa = Leute.

drücke für täglich vorkommende Gegenstände und wenige Zeitwörter, die immer schlankweg im Infinitiv angewendet werden; von der sehr reichen Konjugation des Kisuaheli haben die wenigsten Europäer eine Ahnung. — Die Banians sprechen im Durchschnitt ein sehr schlechtes Kisuaheli, während es die mohamedanischen Indier, sowie die Araber oft zu grosser Fertigkeit bringen. Unter sich sprechen die Indier das Cutchi, eine Mundart des Gujarati und ist dies nach dem Kisuaheli die meist gehörte Sprache, daran reiht sich arabisch, welches von vielen Indiern und Negern verstanden wird, Hindostani, Kiangasija von den Negern aus Gross Komorro gesprochen, das Kimakua der Bewohner der Mozambik-Küste, Kigoa, welches von den Goanesen gesprochen wird und das Kiniamwezi der in Sansibar zu Zeiten anwesenden Waniamwezi aus Tabora, Ujui und Urambo.

Von den europäischen Sprachen ist englisch die verbreitetste und wird auch von vielen Indiern, Arabern, Goanesen und Eingeborenen verstanden; dann kommt französisch und portugiesisch, das unter nicht Europäern auch noch einige Verbreitung hat, und schliesslich deutsch und italienisch, was nur von den resp. Nationen verstanden wird.

Wie überall im Auslande ist auch in Sansibar der Deutsche der beste Sprachkenner und hat nur mit seinen Landsleuten Gelegenheit deutsch zu sprechen; mit Fremden unterhält er sich auch in fremden Sprachen.

Der Verkehr zwischen Sansibar und dem Festlande wird fast ausschliesslich durch Segelfahrzeuge — Daus — der verschiedensten Art vermittelt; die Plätze Lamu, Mombassa, Kiloa und Lindy werden von den alle 4 Wochen von Aden kommenden Dampfern der B.I.S.N.-Co. auf dem Hin- und Rückwege angelaufen, ausserdem geht 4 wöchentlich ein Dampfer des Sultans Seyd Bargasch nach Bombay, 8 wöchentlich ein solcher nach Calcutta und ein Dampfer der Messageries Maritimes über Mozambik und verschiedene Häfen Madagaskar's nach Bourbon und Mauritius. In unregelmässigen Zeiträumen und nach Bedarf fahren Dampfer des Sultans nach Madagaskar, Johanna, Mayotta und verschiedenen Plätzen der Suaheli-Küste, doch wird, wie bereits erwähnt, der Hauptverkehr durch Segelboote vermittelt, die natürlich von den verschiedenen Monsunen abhängig, immer nur nach der ungefähren Windrichtung hin verkehren können; denn so ausgezeichnet auch die dort gebräuchlichen Fahrzeuge mit ihren grossen lateinischen Segeln vor dem Winde laufen, so wenig eignen sie sich zum Kreuzen, und macht auf weite Entfernungen auch Niemand den Versuch, zumal an der Küste der Strom ein sehr starker ist. Vom April-Mai bis gegen Oktober-November weht der SW-Monsun und geht nach der in diesen Monaten statthabenden kleinen Regenzeit in den NO-Monsun über, welcher bis zum März-April anhält und dann nach der grossen Regenzeit wieder in den SW-Monsun übergeht.

Die Meeresströmungen entstehen durch den Aequatorialstrom welcher beim Cap Delgado auf die ostafrikanische Küste trifft und sich hier in zwei Arme theilt; der eine geht durch den Mozambik-Kanal nach Süden, der zweite geht nach Norden bis zur Formosa-Bucht, wo er erstens die Aequatorial-Gegenströmung bildet und zweitens einen Arm längs der Somali-Küste hinaufsendet. Dieser NO fliessende Arm ist von den Monsunen abhängig und schlägt beim Wechsel der Monsune in unglaublich kurzer Zeit nach der Windrichtung um, sodass wir also an der Somali-Küste zur Zeit des NO-Monsuns einen SW-Strom und zur Zeit des SW-Monsuns einen NO-Strom haben.

Zu Zeiten des NO-Monsuns bietet die Stadt Sansibar, und wieder in hervorragender Weise das Zollhaus das interessanteste Bild, denn täglich bringt der günstige Wind zahlreiche Daus von Mombassa, Malindi, Lamu und von den Somali-Städten Brawa, Marka Muckdischu, Emruti und Warscheich, von Mascat, Kuratchi, Cutch und von Bombay.

Die Somalis bringen hauptsächlich Häute und Orseille an den Markt und kaum vermögen die weiten Zollhausschuppen die Waarenmassen zu fassen. Die Angestellten der Grosshändler sind eifrig bemüht ihren Bedarf zu decken, denn die Gelegenheit kommt nicht so bald wieder.

Ueber den Handel und Verkehrszuständen im Innern des Somali-Landes liegt noch ein dichter Schleier, und wird es wohl noch sehr lange dauern, bis es europäischen Reisenden gelingen wird in das Land einzudringen. Die Somalis sind fanatische Mohamedaner und alles Fremde ist ihnen verhasst; sie wissen ganz gut, dass es um ihre Freiheit und Unabhängigkeit geschehen ist, wenn sie den Fremden ihr Land öffnen; deshalb leben auch die vom Sultan Seyd Bargasch besetzten drei Städte Brawa, Marka und Muckdischu in stetem Krieg mit dem Hinterland.

In jeder der drei Städte liegt eine mehrere Hundert Mann starke Besatzung von Arabern und Belutschen unter Anführung eines arabischen Gouverneurs, dessen Einfluss jedoch keinen Fuss breit über die Stadtmauer hinausreicht.

Als Beförderungsmittel im Somali-Lande dient das Kameel und ist es Thatsache, dass Karawanen aus Ganana und Boran in den Küstenstädten eintreffen. Der Elfenbeinreichthum des unbekannten

Innern wird von den eingeborenen Reisenden gerühmt und wurde mir gesagt, dass die kostbare Waare fast umsonst erhältlich sei, aber — der Transport verursacht solche Kosten und Mühen, dass der Handel kaum lohnt.

Wie nach aussen hin, so leben die Somali-Stämme auch unter einander in stetem Krieg und wird das Reisen selbst für Somalis manchmal zur Unmöglichkeit oder muss doch wenigstens der Durchzug mit schweren Abgaben erkauft werden.

Die natürliche Strasse zur Ausbeutung eines Theiles des Somali-Landes wäre der Djuba, welchen ja bekanntlich v. d. Decken bis etwas oberhalb Bardéra befahren hat. Hier sitzt, wie mir von Somalis erzählt wurde, noch jetzt das Wrack des »Welff« und sagte man mir, dass es immer noch nicht gelungen sei, den festen Geldschrank v. d. Deckens zu öffnen — natürlich kann ich die Wahrheit dieser Behauptung nicht verbürgen. Oberhalb der Stromschnellen soll der Djuba einen tiefen und ruhigen Lauf haben, also für die Schifffahrt geeignet sein. Leider sind keine weiteren Versuche gemacht worden den Djuba zu erforschen, was mit einer passenden Persönlichkeit und mit einem passenden Dampfer ohne Zweifel möglich wäre. Vielleicht würde man im Djuba eine gute Handelsstrasse finden, die bis an den Fuss des Hochlandes von Abessinien hinaufreicht.

Fast ebenso wenig wie das Somali-Land ist das Hinterland von Lamu und Malindi für den Handel erschlossen und finden wir erst in Mombassa einen Ausgangspunkt für von Küstenbewohnern ausgerüstete Karawanen, zu welchem jedoch nicht mehr Kameele, sondern Träger verwandt werden. Von Mombassa gehen ebenso wie von dem weiter südlich gelegenen Pangani Karawanen nach dem Kilima-Ndjaro und den so gefürchteten Massai-Ländern. Auch hier wird das Hauptquantum der mitgenommenen Waaren für Wegzölle verausgabt und ist das Elfenbein an und für sich billig. Die Karawanen sind oft 1000 Mann stark und darüber, indem sich mehrere Unternehmer zusammenthun, um im Nothfall den kriegslustigen Massai eine ansehnliche Macht gegenüberstellen zu können. Die Pangani-Träger sind die besten an der ganzen Suaheli-Küste und wetteifern mit den Waniamwezi, welche sie zwar nicht an Ausdauer, wohl aber an Muth und Entschlossenheit übertreffen. Die Pangani-Leute tragen 80—90 ℔ engl. nebst ihrem Kochgeschirr, Schlafmatte und Gewehr, während andere Leute von der Küste nur 60—70 ℔ zu tragen im Stande sind. Die Pangani-Karawanen bleiben oft ein Jahr und noch länger im Innern, werden bisweilen von den Massai ganz aufgerieben, und ist der Handel in diesen Gegenden für die Unternehmer an der Küste immer eine gewagte Spekulation.

Grossartiger, weniger gewagt und sehr entwickelt ist der Handel auf den alten Karawanenstrassen nach dem Tanganjika, dem Victoria Nyansa und den angrenzenden Gebieten. Der Hauptausgangspunkt der Karawanen ist Bagamoyo und ist es wohl der Mühe werth, uns diesen Platz einmal etwas näher anzusehen. Bagamoyo steht mit Sansibar in regstem Verkehr und täglich bietet sich zur Ueberfahrt Gelegenheit per Dau. Die Ueberfahrt dauert je nach dem Winde 4 Stunden bis 2 Tage. Der Aufenthalt auf solcher Dau ist kein sehr erquicklicher. Gewaschen oder gescheuert wird natürlich niemals und entwickelt sich auf allen Fahrzeugen ein so unangenehmer Geruch, dass nicht seefeste Leute schon nach ganz kurzer Zeit in einen wenig beneidenswerthen Zustand verfallen und herzlich froh sind, wenn die niedrige Küste von Bagamoyo langsam vor ihren Blicken aus den Fluthen steigt. In weitem Bogen umschliessen die reinlich aussehenden Häuser der Araber und Indier die Bucht und hebt sich das grelle Weiss der gekalkten Wände malerisch von dem dunklen Hintergrund der hochstämmigen Palmen und der gewaltigen Mangobäume ab. Rechts von Bagamoyo liegt hinter einer dichten Kokospalmen-Plantage die französische Mission, der die dortigen Kaufleute und Reisenden so viel verdanken, dass ich mir wohl gestatten darf ein paar Worte darüber zu sagen.

Die Mission wurde vor ca. 16 Jahren von den Pères Horner und Etienne gegründet; als die beiden wackeren Männer damals an die Küste kamen, traten ihnen die Eingeborenen feindlich gegenüber, brannten ihre Hütten ab und trachteten ihnen nach dem Leben. Doch das begonnene Werk nahm seinen Fortgang, und wo damals undringlicher Urwald stand, erheben sich jetzt die stattlichen Häuser der Mission, umgeben von den Hütten der bekehrten Eingeborenen und das Ganze liegt inmitten der kolossalen Palmen-Plantage, die nach Zehntausenden zählt.

Mit unermüdlichem Fleiss haben die Missionäre Grosses geschaffen. Es ist ihnen weniger darauf angekommen, den Schwarzen die Köpfe mit Bibelsprüchen und Liedern vollzupfropfen, wenn auch der Unterricht keineswegs vernachlässigt wird, als vielmehr brauchbare Menschen zu erziehen und durch die moralische Kraft der Arbeit auf den Charakter zu wirken. So hat die Mission tüchtige Maschinenbauer, Schlosser, Tischler, Schuhmacher und andere Handwerker hervorgebracht, die natürlich stolz auf ihr Können sind und eine geachtete Stellung einnehmen. Weiter im Innern hat die Mission noch fünf

Stationen gegründet, von denen mir zwei an der Karawanenstrasse gelegene, Morogoro und Kondoa, bekannt sind. Ueberall wird der Fremde mit derselben Herzlichkeit und Freundlichkeit aufgenommen, bewirthet und gepflegt, wenn er krank ist. Diese Missionsstationen haben schon viel Gutes gethan und in letzter Zeit, wo das Afrikareisen — ich möchte beinahe sagen — allgemein geworden ist, Manchem das Leben gerettet. Auf Dank rechnen die anspruchslosen Leute nicht und — er wird ihnen auch selten zu Theil.

Die Eingeborenen und Indier hängen mit grosser Liebe an den schwarzen Brüdern, wie sie ihres Anzuges wegen genannt werden; denn sie pflegen die Kranken, geben ihnen Arzeneien und unterstützen Obdachlose in der uneigennützigsten Weise. Mit den Arabern stehen die Missionäre auf etwas gespanntem Fuss, denn sie sehen in diesen, den fanatischen Mohamedanern, den Förderern des Sklavenhandels, den herrschsüchtigen Unterdrückern, ihre natürlichen Feinde.

Die Stadt Bagamoyo, welche einen grossen Theil des Sansibar-Handels vermittelt, kann auf 10—15000 Einwohner geschätzt werden und beherbergt zur Zeit des grössten Karawanenverkehrs auch 20—25000 Menschen. Zahlreiche Hindus und Banians haben sich hier niedergelassen und reiht sich in der langen Strasse, welche von dem Hause des Gouverneurs nach dem Zollhaus führt, Laden an Laden mit grossen Waarenmagazinen.

Den Hauptbestandtheil der Bevölkerung bilden natürlich, ebenso wie in Sansibar die Neger, welche sich Watu ya mrima (Leute von der Küste) nennen und meistens dem Volk der Wazaramo angehören; an diese reihen sich dann neben den bereits erwähnten Indiern, Araber, Goanesen und Sklaven aus allen Theilen des Innern von Afrika und namentlich aus Uniamwezi, dem Lande des Mondes, wohin ich die verehrten Zuhörer auch noch zu führen gedenke.

Die Hauptreisezeit ist vom Mai bis Juli und werden zu den Handelskarawanen fast ausschliesslich Waniamwezi-Träger verwendet. Die Waniamwezi sind gutmüthige, ausdauernde Leute, gewöhnlich auch treu und von ganz enormer Stärke zum Lasttragen. Ich habe Männer gesehen, welche anscheinend schwach und zu einem Faust- oder Ringkampf entschieden ungeeignet, im Stande waren, 150—180 ℔ engl. Tag für Tag 3—6 Stunden lang bis nach Tabora oder nach Udjidji und Manjema zu tragen. Der Mniamwezi-Träger trägt mit der Mdarra, d. h. er theilt seine Last in zwei gleiche Theile und befestigt diese an den Enden einer 6—8 Fuss langen Stange oder Latte; diese nimmt er dann im Schwerpunkt auf die Schulter und ist so im Stande, mehrere Stunden ohne auszuruhen mit uns Schritt zu halten. Die Watu ya mrima und Watu ya Unguja, also Küsten- und Sansibar-Leute, tragen nur selten mit der Mdarra und bilden sich dann etwas darauf ein; denn die Watu ya mdarra marschiren an der Spitze der Karawane und gelten auch im Grossen und Ganzen als die tüchtigeren Träger; das Gewöhnlichere ist, die Last auf dem Kopfe zu tragen und nur ab und zu zum Ausruhen auf die Schulter zu legen. Die an der Küste angesiedelten Indier gehen niemals selbst ins Innere und habe ich in Bagamoyo Leute kennen gelernt, die bereits 20—30 Jahre anwesend, noch niemals den nur ca. 2 Stunden entfernten Rufu gesehen hatten. Der Handel im Innern liegt von Alters her in den Händen der Araber und Belutschen, welche aber ganz und gar von den Indiern abhängig sind. Die Indier geben ihnen Vorschüsse, aber nicht etwa an baarem Geld, sondern in Waaren, woran sie natürlich bereits verdienen, zweitens berechnen sie den Arabern 15 % Zinsen, während der Zinsfuss in Sansibar 9 % ist und drittens verdienen sie bei der Ablieferung des erhandelten Elfenbeins, indem der Araber gezwungen ist seinem Creditor den Vorzug zu geben. Aber damit noch nicht genug, verdienen die Indier noch an den Trägern, welche sie den Arabern liefern, um ihre Waaren in das Innere zu schaffen. Es hat sich mit der Zeit ein gewisses System im Engagiren von Trägern herausgebildet, welches hauptsächlich darauf beruht, den dummen Mniamwezi hinters Licht zu führen, ihm einmal schlechte Waare zu geben und zweitens seine Last so schwer zu machen, dass er nicht im Stande ist, sie zu tragen. Beschwert er sich dann beim Indier, so erleichtert ihm dieser sein Bündel in der bereitwilligsten Weise, nimmt aber für jedes Stück Baumwollenzeug von der Last ebensoviel von seinem Lohn weg, bis beide Theile befriedigt sind, d. h. bis der eine den andern so weit ausgesogen hat, dass nichts mehr zu holen ist. — Der Träger ist nun engagirt und wird zum Marktpreis für die Reise verkauft. Die Araber sind nicht im Stande den schlauen Indiern Konkurrenz im Trägergeschäft zu machen und daher genöthigt, ihren Bedarf von den Indiern zu kaufen. Natürlich möchte jeder am liebsten zuerst aufbrechen, welchen Umstand die Indier benutzen, die Preise zu schrauben; später werden die Träger dann selten und erst recht gesucht und ist es Thatsache, dass die Preise zu Ende der Saison eher steigen als fallen. Die Ernährung des Trägers unterwegs ist Sache des Arabers und wird hier wieder der arme Mniamwezi in der abscheulichsten Weise geprellt; denn satt zu essen bekommt er niemals, aber desto mehr Prügel, wenn er Skandal zu machen sucht. Täglich bekommt jeder ein Kibabba — etwa so viel wie eine grosse Kaffeetasse — Mais oder Mtama zugemessen; bei Rasttagen giebt es nur halbe Rationen, und kann ein erwachsener Mann bei der schweren Arbeit hiervon natürlich nicht bestehen. Um also nicht zu verhungern, verkaufen die Träger nach und nach ihren ganzen aus Waaren bestehenden Lohn und freuen sich, wenn sie noch 2 bis 3 bunte Tücher und ein paar Meter weisses Baumwollenzeug mit nach der Heimath bringen. Ist das für sie doch immer noch ein Reichthum, und habe ich Leute gesehen, die 4—5 je 4 Yard lange Stücke Zeug als genügendes Anlage-Kapital zur Heirath betrachteten.

Das Leben des Karawanenträgers ist, wenn auch im Ganzen eintönig und sehr beschwerlich, doch romantisch und für die Leute selbst so anziehend, dass sie nicht wieder davon lassen können und selten eine andere Arbeit der des Trägers vorziehen. Allerdings lieben die Leute aus Sanzibar und von der Küste sehr, ihre Ersparnisse in der Heimath zu verjubeln, aber dann zieht es sie wieder mit Gewalt nach den tiefen Wäldern, den sonnigen Steppen und dem finstern Busch. Um 6 Uhr Morgens wird gewöhnlich aufgebrochen und mit einer oder zwei Ruhepausen 3—6 Stunden marschirt, dann wird ein Wall aus Dornen und Buschwerk hergestellt, die Zelte aufgeschlagen und die Waaren in denselben geborgen. Ist dies geschehen, so geht jeder an seine eigene Beschäftigung; 4, 6 oder 8 Mann haben sich immer zusammengethan und bilden für sich eine Kambi; einer holt Holz, der andere Wasser, der dritte macht Feuer an und kocht das Essen. Dann bauen sie sich eine kleine Hütte aus Gras und Zweigen, bereiten das Lager und verbringen den Rest des Tages im dolce far niente. Die Träger haben in der Konstruktion von Hütten eine solche Fertigkeit erlangt, dass man binnen einer halben Stunde um sich herum ein ganzes kleines Dorf entstehen sieht; natürlich sind diese Bauwerke nicht sehr dauerhaft, gewähren aber doch genügend Schutz gegen Regen und die Kälte der Nacht. Zur Abendzeit bietet ein solches Lager einen sehr malerischen Anblick, allenthalben brennen die Wachtfeuer und um sie herum sitzen oder kauern die schwarzen Kinder des dunklen Welttheils. Die Abendmahlzeit ist eingenommen und hier und da sehen wir schon einen der Träger die wohlverdiente Ruhe auf seinem harten Lager suchen; noch eine Weile dauert das Lachen, Scherzen und Erzählen von Räubergeschichten, dann sinkt Alles in Schlaf, die Wachtfeuer brennen nieder und werden nur hier und da von einem Erwachten angefacht; denn sie spenden ihm nicht allein Wärme, sondern schützen ihn auch vor Angriffen der wilden Thiere, die durch die Witterung von frisch geschlachtetem Vieh in reichlicher Zahl angelockt werden. Namentlich Hyänen umschwärmen allnächtlich das Lager und klingt uns ihr unangenehmes Geheul durch die Macht der Gewohnheit bald wie ein süsses Wiegenlied. Die Hyänen leben mit den Eingeborenen und den Karawanen im grössten Frieden; denn wenn sie hier und da in grösserer Anzahl auch lebende Menschen anfallen und zerreissen, so weiss man ihre Vortheile doch zu schätzen. Die Hyäne und der Aasgeier sind die einzige Sanitäts-Polizei Inner-Afrika's. Alle Fleischreste, die einfach vor die Thür geworfen werden, das gefallene Vieh und die Leichen, die von vielen Stämmen nicht bestattet werden, sind für die Hyänen ein willkommenes Mahl und sie befreien die Erde von diesen Pestheerden. — In Sanzibar selbst, wo es keine Hyänen und Aasgeier giebt, bleibt gefallenes Vieh etc. oft Tage lang liegen und verpestet die Luft; denn die einheimischen Hunde werden nicht so schnell fertig mit dem eklen Frass, und dass so etwas gefährlich ist, sehen die machthabenden Araber nicht ein, oder es ist ihnen zu kleinlich, sich um solche Dinge zu kümmern.

Die erste Handelskolonie — wenn ich so sagen darf — die wir im Innern treffen, ist Mukondogwa in Usagara. Hier wohnt neben einigen unbedeutenden Händlern der Araber Said bin Hamare, welcher eine rühmliche Ausnahme von seinen Stammesgenossen macht und kein Halunke, sondern ein Gentleman im wahren Sinne des Wortes ist. Said bin Hamare betrachtet Mukondogwa gewissermaassen nur als einen Stapelplatz, denn wirkliche Elfenbeingeschäfte sind in Usagara selbst nur wenig zu machen; er sendet von hier seine Expeditionen nach Irangi, welches, bisher den Europäern unbekannt, von Dr. Fischer auf seiner letzten Reise nach Kagehe besucht wurde. Da Dr. Fischer bereits in Deutschland eingetroffen ist und bald genaue Mittheilungen machen kann, spare ich mir meine auf Erkundigungen beruhenden Mittheilungen über Irangi.

Die nächste und bedeutendste Handelsstation der Araber ist Tabora, das Ziel fast aller von Bagamoyo und Sadani ausgehenden Karawanen. Eine Reise dahin ist natürlich mit bedeutend mehr Schwierigkeiten verknüpft, als eine solche nach Usagara, wo man kultivirte Landstriche mit einer friedlichen Bevölkerung durchwandert, die nur gereizt vielleicht einmal zu den Waffen greift. Kaum haben wir Usagara im Rücken, so zeigt sich uns ein ganz anderes Bild. Wir durchwandern erst den Pori ya Chunyo, auch Marenga Mkali genannt. Marenga heisst auf Kiogo Wasser, Mkali heisst scharf, bitter, so genannt wegen der einzigen eisenhaltigen und brackigen Quelle, welche sich in diesem Pori befindet. Pori nennen die Eingeborenen den Busch- oder Urwald; die baumlosen resp. leicht bestandenen Ebenen heissen Mbuga. — Der Pori ya Chunyo ist sehr gefürchtet, denn gewöhnlich erliegen einige der Karawanenmitglieder den Strapazen, dem Durst oder den umherschweifenden Räuberbanden, welche die Nachzügler überfallen, morden und ausrauben. Nach Ueberwindung dieses Hindernisses treten wir in Ugogo ein und kommen vom Regen in die Traufe. In der Wildniss hielt wenigstens Niemand die Karawane am Fortschritt auf, in Ugogo stellen sich uns eine Menge Hindernisse in den Weg und wir werden gleich im ersten Dorf — gleichgültig, welche Strasse wir wählen — mit all den Mühseligkeiten bekannt werden; doch will ich erst einige allgemeine Bemerkungen über Ugogo vorausschicken. Das Volk steht auf einer sehr niedrigen Civilisationsstufe, ist diebisch und stets zu Zank und Streit aufgelegt; die Kleidung besteht bei den Männern gewöhnlich nur aus einem schmutzigen Stück Baumwollenzeug, das auf der Schulter geknotet kaum bis zur Hälfte des nackten Körpers herbhängt; die Frauen bekleiden fast ausschliesslich nur die untere Hälfte des Körpers und habe ich bei den Frauen des Sultans von Uniangwira ausser einem etwa 3 Finger breiten Zeugstreifen von Kleidung nichts entdecken können. Beide Geschlechter schmücken sich reich mit allerlei metallenen Schmucksachen an Armen und Beinen, am Halse und an Nase und Ohren. Die Waffen bestehen aus einem gewaltigen Bogen und unvergifteten Pfeilen mit eisernen Spitzen, einer schweren und breiten Lanze, einem zweischneidigem Schwert nach Art der Massai-Schwerter und einem langen Schild, der fast den ganzen Körper zu decken im Stande ist. — Die Behausung ist das Tembe, ein mehrere Hundert Fuss langes und breites, jedoch nur mannshohes flaches Gebäude, welches einen grossen Hofraum zur Aufnahme des zahlreichen Viehs umschliesst. Im SO von Ugogo sind die Einwohner von den kriegerischen Wahehe unterdrückt, im SW hat sich Muinyi Mtwana ein Mann aus Winde an der Küste mit seinen Leuten der Herrschaft bemächtigt und wird als der gewaltigste Fürst Ugogos angesehen. Im Norden stehen die Wagogo unter eingeborenen Herrschern und ist Malewa in Uniangwira der mächtigste. Dieses Land haben wir also betreten und schlagen im ersten Dorfe unser Lager in der Nähe des Tembe des Sultans auf. Schon die Erlaubniss zum Wasserschöpfen müssen sich die Träger durch kleine Geschenke an Taback oder Perlen erkaufen, und wir wissen wohl, dass wir einen anständigen Wegzoll entrichten müssen, ehe wir weiter ziehen dürfen. Die Verhandlungen dauern oft 4—6 Tage; denn der Karawanenbesitzer will natürlich so wenig wie möglich geben, und der Häuptling so viel wie möglich erpressen. Wenn ein Europäer bei der Karawane ist, wird das Lager gar nicht leer von Neugierigen, die am liebsten Alles anfassen und in die tiefsten Geheimnisse eindringen möchten. Das grösste Erstaunen erregten immer meine Haare, die ich mehrere Monate nicht geschnitten hatte, meine Nase und meine Stiefel, die von den Leuten für Hufe gehalten wurden. Gross war dann die Verwunderung, wenn ich Stiefel und Strümpfe auszog und so bewies, dass ich auch Zehen an den Füssen habe. — Mit der Zeit wird einem diese Neugierde und Zudringlichkeit langweilig; doch besitze ich eine gute Portion Geduld und habe die Leute niemals barsch behandelt.

So geht es in Ugogo vom einem Dorf zum andern, überall muss man Tage lang lagern, Wegzölle bezahlen, sich von den Eingeborenen drangsaliren lassen und kann man froh sein, wenn Alles noch in Frieden abläuft. — Ich habe auf meiner Reise schlimmere Erfahrungen gemacht, gleich im ersten Dorf in Msanga kam es zum blutigen Kampf, hervorgerufen durch Streitigkeiten einer anderen Karawane mit den Eingeborenen. Allerdings gelang es mir, mit Hülfe meiner gut bewaffneten Leute, die Wagago zu besiegen, und diktirte ich ihnen dann die schwersten Friedensbedingungen, so dass also in diesem Fall das Dorf nicht von mir, sondern ich vom Dorfe Wegzoll erhob. Ich schlug dann eine ganz nördliche, auf unseren Karten noch nicht verzeichnete Strasse ein, die durch endlosen Dornwald führt und mich bis Uniangwira brachte. Hier und im letzten Dorfe Ugogos Muhalalla hatte ich geringe Wegzölle zu bezahlen.

Wenn wir Ugogo passirt haben, kommen wir — ich möchte sagen — nochmals vom Regen in die Traufe, denn die Mgunda Mkali, ein gegen 180 km langer gänzlich unbewohnter Wald liegt vor uns. Gute Karawanen können die Strecke in 6 Etappen theilen, die dann zwischen 25 und 35 km lang sind. Karawanen, die schlecht zu Fuss sind, müssen Zwischenstationen machen und dann ohne Wasser kampiren. Zudem müssen die schon schwer belasteten Träger noch Essen für die ganze Zeit mitnehmen, und wenn in den Monaten August bis Oktober an einer der Stationen das Wasser austrocknet, dann ist die Noth gross und viele erliegen den Strapazen.

Gefährlich wird der Weg noch manchmal durch umherschweifende Räuberbanden, deren Bekanntschaft zu machen ich auch Gelegenheit hatte. Früher als der gefürchtete Jungu noch lebte, war es viel schlimmer und passirte selten eine Karawane ungeschoren; wurde doch im Jahre 1878 auch der englische Missionär Penrose in der Nähe des Chaya-Sees erschossen und seine Karawane aufgerieben. — Das erste Dorf, welches wir wieder erreichen ist Etura und gelangen wir nach 5 bis 6 tägigem Marsche nach Tabora, der Hauptstadt von Uniamwezi, dem Lande des Mondes.

In Tabora haben zahlreiche Araber ihren Wohnsitz genommen und machen von hier aus in ähnlicher Weise Geschäfte, wie die Indier an der Küste. Die in Tabora Angesiedelten machen wieder Vorschüsse an andere Araber und Belutschen, welche hier Karawanen ausrüsten und nach Usukuma, Uganda, Usuri, Karagwe, nach Manjema den Congo hinab und bis in die Gegenden des Mwutan Nzige und im Süden bis zum Nyassa vordringen. Diese Händler müssen natürlich enorme Preise für die Waaren bezahlen und wird gewöhnlich beim Handel gleich ausgemacht, dass für ein bestimmtes Quantum Waaren ein bestimmtes Quantum Elfenbein geliefert wird, denn Geld existirt in Tabora nicht. Die Einheit ist das Doti Satin, ein ca. 4 yards langes und 1 yard breites Stück ganz geringes Baumwollenzeug; die Scheidemünze ist der Fundo, ein Schnürchen kleiner rother Perlen, welches so lang sein muss, dass man es 10 mal um den kleinen Finger wickeln kann.

Natürlich müssen die Araber bei den theuren Preisen die ihnen für Stoffe und andere Waaren gerechnet werden, auch auf alle mögliche Art ihren Nutzen suchen und finden gewöhnlich einen guten Nebenverdienst im Sklavenhandel, der im Innern von Afrika immer noch in vollster Blüthe steht. Manjema und die angrenzenden Distrikte liefern erstaunliche Mengen dieser lebendigen Waare, die jedoch für die Reise ungeeignet, in Massen den Strapazen erliegen. Sklaven und Elfenbein werden in den Congo-Distrikten meist im Kriege erbeutet, und dienen die mitgenommenen Waaren mehr dazu, die eigenen Mannschaften zu bezahlen.

Ein ausgewachsener Sklave kostet in Nyangwe 2—3 Doti, die dort den Werth von etwa ebensoviel Dollar haben; in Tabora bezahlt man bereits 2—3 Gora, die etwa 10—15 Dollar werth sind; in Bagamoyo zahlt man 20—30 Dollar und in Sansibar endlich, wohin die Sklaven immer noch massenweise geschmuggelt werden, 30—60 Dollar. Weibliche Sklaven namentlich, wenn sie jung und hübsch sind, werden überall theurer bezahlt als männliche. Sklaven und Elfenbein sind die einzigen Waaren, die den theuren Transport nach der Küste bezahlen, und wenn es auch gelingen sollte, andere Produkte im Innern von Afrika an Ort und Stelle billig zu erzeugen, so wird des schwierigen Transportes wegen ein Handel mit den Produkten wohl erst möglich werden, wenn Eisenbahnen gebaut werden, die den Transport erleichtern und uns eine bequeme Verbindung schaffen mit dem Herzen des schwarzen Welttheiles.

Die barometrischen Höhenmessungen

des Herrn Dr. **W. Sievers** in Colombia und Venezuela.

1885. Januar—December.

Von **M. Frohberg** in Göttingen.

Während der Reisen in Colombia und Venezuela, auf denen die vorliegenden barometrischen Höhenmessungen gemacht wurden, führte Dr. W. Sievers an meteorologischen Instrumenten folgende mit sich:

1. 3 Aneroide von O. Bohne in Berlin, No. 647, 648 und 649,
2. 3 Siedepunkt-Thermometer Fuess'scher Konstruktion No. 59, 71 und 72,
3. 4 Quecksilber-Thermometer, nämlich 2 in dem Aneroid No. 647, je 1 in No. 648 und 649 sowie ein grösseres in Carácas erworbenes gleiches Thermometer und
4. später nachgesandt, 3 Schleuder-Thermometer No. 138, 140 und 141.

Die drei Aneroide wurden ihm vom Verein für Erdkunde in Leipzig gütigst für seine Zwecke zur Verfügung gestellt und vor Abgang nach Süd-Amerika im Jahre 1884 auf der Kaiserlich Deutschen Seewarte in Hamburg in Bezug auf Indexfehler und Gang geprüft, wonach Aneroid No. 649 als mangelhaft bezeichnet wurde. Dieses Instrument ging in Folge dessen Oktober 1884 nach Berlin zurück, um später von Abtheilung II der Seewarte nochmals geprüft, wohl als verwendbar, jedenfalls aber nicht als ausgezeichnet nachgesandt zu werden; es kam Anfang September 1885 in Dr. Sievers' Hände. Das Aneroid No. 647 — das grösste — erwies sich zugleich auch als das zuverlässigste der drei Barometer; No. 648 hatte unterwegs mehrfach Störungen aufzuweisen und wurde bei Ankunft des dritten Instrumentes ausrangirt, wobei freilich bemerkt werden muss, dass sich das Bedenken, welches namentlich hinsichtlich des Ganges gegen dieses Instrument von Seiten der Seewarte ausgesprochen worden war, vollkommen rechtfertigte, sobald man gleichzeitige Ablesungen an den Aneroiden No. 647

und 649 vornahm: deshalb sind auch die Höhenzahlen von Okt. 1885 an, die aus Ablesungen am Aneroid No. 649 allein berechnet wurden, als unzuverlässig mit Fragezeichen versehen. — Beide Aneroide No. 647 und 648 wurden, bevor sich Dr. Sievers auf seine erste Expedition begab, in Carácas auch mit einem Quecksilberbarometer des Herrn Lic. A. Aveledo im Colegio de Santa Maria verglichen; es ist zu bedauern, dass eine spätere Vergleichung mit diesem Instrument Umstände halber sich nicht ermöglichen liess. Eine vielleicht mehrmalige Wiederholung der Vergleichung hätte, wenngleich in diesem Falle nicht absolut nothwendig, doch vielleicht über den Gang der Instrumente noch näheren Aufschluss bieten können.

Von den drei Siedepunkt-Thermometern, von denen im Ganzen an 35 verschiedenen Plätzen, zum Theil auch wiederholt Ablesungen gemacht worden sind — die Namen dieser Plätze sind durch Voransetzung eines * in dem Höhenverveichniss gekennzeichnet — wurde im Anfang bis August 1885 nur No. 59 in Gebrauch genommen, später alle drei; freilich musste No. 59, weil es Schaden gelitten, im September 1885 entfernt werden. Die Prüfung dieses Instruments war daher nach der Rückkehr unmöglich. Auch vor der Abreise ist dasselbe bedauerlicherweise nicht geprüft worden, da keine Zeit mehr dazu vorhanden war. Auch diese Instrumente No. 71 und 72 sind nach beendeter Reise auf der Seewarte geprüft und nur mit ganz kleinen Fehlern behaftet erfunden worden, Fehler, die ich nicht in Rechnung zu ziehen brauchte, da bei den Ablesungen leider nicht immer auf die zweite Decimalstelle in den Graden der Siedetemperatur Rücksicht genommen war und zudem es sich auch nur um Ablesungen an einem Kontrolinstrument handelte, die nur sehr selten erhebliche Differenzen mit dem zu kontrolirenden Instrument ergaben. Beide, No. 71 und 72, zeigten ziemlich genau übereinstimmende Siedetemperaturen an und sind so die Hauptaufklärungsmittel über den Gang der Aneroide während der Expedition geworden.

Das Thermometer im Aneroid No. 647, beiläufig gesagt das grössere von beiden Aneroid-Thermometern, zerbrach am 3. Juli 1885; an seine Stelle trat ein in Carácas erworbenes, dessen bereits oben Erwähnung gethan wurde. Die Temperatur-Ablesungen sind in Folge dessen, weil ausser an den in den Aneroiden befindlichen nur an einem kleinen Thermometer und einem jedenfalls nur roh gearbeiteten angestellt, vom Anfang Juli bis zum 29. September ziemlich unzuverlässig, an welchem Tage Dr. Sievers durch Vermittlung der Deutschen Seewarte die drei Schleuder-Thermometer nachgesandt erhielt.

Den Berechnungen der Höhen ist die Höhe des Fusses der Kathedrale von Carácas = 922 m zu Grunde gelegt worden, sowie die Luftdruck- und Temperatur-Beobachtungen des Herrn Aveledo, wie mir solche durch gütige Vermittlung des Herrn Jahn jr. in Carácas zur Verfügung gestanden haben. Dieselben sind publicirt in der Zeitschrift »Vargasia« einer naturwissenschaftlichen Gesellschaft in Carácas No. 1—7, 1868—1870, und in der Zeitschrift der Gesellschaft für Erdkunde zu Berlin 1872. Beiden Herren sind wir bei der Spärlichkeit des meteorologischen Materials aus Venezuela zu lebhaftem Danke verpflichtet. Gerechnet wurde nach den »barometrischen Höhentafeln von Jordan«, deren 2. Auflage, bis zu 35° Temperatur erweitert, eben erschienen war, sowie, wo diese Tafeln nicht zureichten, oder sonst auch wohl zur Kontrole, nach den »Tafeln zur Höhenberechnung aus dem Barometerstande oder der Siedetemperatur des Wassers«, die unter Zugrundelegung der Rühlmann'schen barometrischen Höhenformel in »Jelinek's Anleitung zur Ausführung meteorologischer Beobachtungen, herausgegeben von Hann« II. gegeben werden.

Bezüglich der nach allem Angeführten zu erwartenden Genauigkeit der Resultate meiner Rechnungen ist dann zu bemerken: der sich allerdings fühlbar machende Mangel an Temperaturangaben ist jedenfalls nicht die gravirendste Quelle für eventuelle Ungenauigkeiten in den Resultaten. Viel wichtiger vielmehr dürfte der Umstand mitwirken können, dass die Aneroide, die sowohl nach wie vor der Expedition auf der Seewarte untersucht worden sind, in Bezug auf den Gang nur bis zu einem Stande von 690 mm nach unten geprüft wurden. Die bei dieser Prüfung empirisch aufgestellten linearen Gangformeln dürften für bedeutend niedrigere Stände jedenfalls nicht mehr brauchbar sein, so dass ich es hier offen lassen muss, ob die bedeutenden Höhen in nachstehenden Angaben, wie in Mérida oder Trujillo, nicht um Einiges zu hoch sein werden.

Immerhin wird der mögliche Fehler — es fehlt mir an einem sicheren Anhalt, um für seine Grösse eine Zahl nennen zu können — nicht eben beträchtlich sein können, denn zumeist wurden gleichzeitige Ablesungen an zwei Instrumenten vorgenommen und die 39 Ablesungen am Kochthermometer (für verschiedene Plätze sind mehrere vorhanden) geben eine gute Handhabe, die Aneroide zu kontroliren. An vielen anderen Orten freilich wurde beim Passieren überhaupt nur eine Ablesung gemacht, doch ist deren Höhe zu kennen — es sind eben nur Durchgangsstationen — gewiss nicht so wichtig; im Gegentheil würde damit gedient sein, ihre Höhenunterschiede gegen gewisse feste Punkte, an denen dann auch mehrere Ablesungen gemacht wurden, angenähert zu haben.

Wenn es überhaupt zulässig ist, frühere und zwar schon vor längerer Zeit gemachte Messungen vergleichsweise als Maassstab an unsere anzulegen, so mag bemerkt werden, dass im Allgemeinen Dr. Sievers' Höhen mit denen des französischen Reisenden Boussingault, welcher im 3. Jahrzehnte unseres Jahrhunderts die Cordillere bereiste, leidlich übereinstimmen. Wir stellen unten eine Anzahl der Resultate Boussingault's zum Vergleich mit denen von Sievers zusammen.

Wenn übrigens die vorliegenden Höhenzahlen nicht übereinstimmen mit denen, die Dr. Sievers schon vorläufig berechnete und in seinen Reiseberichten in den »Mittheilungen der Geographischen Gesellschaft in Hamburg« 1885 veröffentlichte, so liegt das daran, dass diese früher berechneten Höhen naturgemäss ohne Berücksichtigung und ohne Kenntniss des Ganges der Instrumente nur geschätzt worden sind, was auch in genannten Berichten ausdrücklich hervorgehoben ist.

Indem ich diese Höhenberechnungen der Oeffentlichkeit übergebe, will ich nicht unterlassen, dem Direktor der Deutschen Seewarte Herrn Geh. Admiralitätsrath Prof. Dr. G. Neumayer in Hamburg und den andern daselbst angestellten Herren, wo ich diese Arbeit anfertigte, für die mannigfachen Winke, die mir an diesem Institute zu Theil wurden, meinen Dank abzustatten.

Die Höhen sind, wie man sieht, nicht nach der Zeit der Beobachtung, sondern nach Provinzen und darin zusammengestellten Touren geordnet, um dem Ueberblick über die zusammengehörigen Punkte keinen Eintrag zu thun.

A. Höhen in Colombia.

I. Cúcuta—Pamplona—Cúcuta.

(Mai 12.—18.)

*San José de Cúcuta (11)	*355 m	La Alianza	1105 m
La Regadera	640 »	Arboledas	985 »
Doña Juana	790 »	Cerro, Alto de Arboledas	1375 »
Rio Pamplonita (Furt)	895 »	Brücke (Quebrada Zulia)	895 »
Los Apartaderos	1080 »	Cerro I	1020 »
La Teja	1360 »	» II	985 »
Brücke Chopo	1600 »	» III	960 »
Las Mochilas	1677 »	Salazar, Brücke	880 »
*Pamplona (7)	*2290 »	» (Mitte der Stadt)	920 »
Cerro (Pamplona-Tonchala)	2645 »	Cerro Estanquillo	1030 »
Quebrada Tonchala	2015 »	Santiago	430 »
Páramo	2760 »	Zuliafluss	250 »
Quebrada	1580 »	Cerro Urimaco	415 »
Cucutilla	1380 »		

II. Cúcuta—Rosario—Planadas.

(Mai 6.—8., einige Beobachtungen wiederholt im Juni.)

*Cúcuta (11)	*355 m
HöchsterHügel zwischenCúcuta und Rosario	495 »
Rosario (unten)	465 »
Höhe hinter Rosario	630 »
Cerro am Wege	750 »
La Auchema (Uchema)	680 »
Quebrada Palogordo	905 »
Höhe der Mesa-artigen Hügel I	1090 m
» » » » II	1125 »
El Naranjal	1210 »
Quebrada Marjita	1330 »
Hacienda an der Quebrada	1385 »
Cerro de los Indios	2075 »
*Las Planadas (9)	*1510 »

B. Höhen im Táchira, Venezuela.

I. San Antonio—Capacho—El Rio.

(Juni 1.—5., zum Theil schon Ende April und Anfang Mai einmal gemessen.)

*San Antonio de Táchira (8)	*455 m
Agua Fria	570 »
Cuesta de Capote	1370 »
Abzweigung des Weges nach Capacho (vor Rubio)	915 »
Kreuz	1085 »
Capacho Viejo (3)	1395 »
*Capacho Nuevo (17)	*1295 »
El Molino	1080 »
Höhe über Molino	1270 »
Catarita, höchster Punkt	1375 »
Letztes Haus im Thal	1460 »
Passhöhe	1570 m
Hauptpass	1620 »
Borotá (Constitución) (2)	1505 »
*Lobatera (12)	*985 »
Michelena	1230 »
Passhöhe nach Colón	1340 »
Quebrada	870 »
Quebrada vor Colón	805 »
San Juán de Colón (2)	805 »
Rio Lobaterita	750 »
El Rio (Ortschaft) (2)	795 »

II. El Rio—Ureña.

(April 27.—29.)

La Trampa	1080 m
Höchster Punkt (Haus)	1320 »
El Tablón	895 »
El Mono	820 m
Hacienda	625 »
Ureña (3)	340 »

III. San Antonio—San Cristóbal.

(April 21.—24., Endstation auch Anfang April und Anfang Mai gemessen.)

*San Antonio	cf. B. I.
Höhe über San Antonio	905 m
Höhe über der Quebrada	1100 »
Hacienda	1030 »
La Ovejera (2)	1040 »
Las Lomas	1195 »
Capacho Viejo	cf. B. I.
Agua Chiquita	1395 m
El Alto Crespo	1640 »
El Páramo bei Capacho Viejo	1750 »
Hacienda Periveca	1075 »
*Capacho Nuevo	cf. B. I.
Cerro zwischen Sorca und Capacho (2)	1350 m
Sorca (2)	940 »
» letzte Häuser (2)	870 »
Cerro zwischen Sorca und Torbes (2)	945 »
Rio Torbes	810 »
*San Cristóbal (15)	*845 »
Hacienda Agustin Arias (La Concordia)	975 »

IV. Umgegend von San Cristóbal.

(April 4.—11., Mai 4., 5.)

Tote	630 m
*Rúbio (5)	*860 »
Haus gegenüber Cerro Negro	1150 »
Petrolia (3)	830 »
La Vega Grande	560 »
Zusammenfluss von Torbes und Quinimarí	505 »
Hacienda El Abra (Don A. Niño)	660 »
San Josecito	505 »
Ufer des Quinimarí bei der Mündung der Quebrada de Oro (3)	500 »
Cerro zwischen San Josecito und Agua Dulce	795 m
Agua Dulce	540 »
Tononó	775 »
Cerro (San Cristóbal—Tononó)	880 »
La Vega del Cedro	1025 »
Haus El Silencio	1320 »
Hacienda Abelardo Mendoza in Bramón	1200 »
Páramo (Rúbio—Planadas)	2040 »
Brücke vor Planadas	1300 »

V. San Cristóbal—Pregonero—Quiniquea—San Cristóbal.

(Ende März und Anfang April, zum Theil vorher bereits im Februar gemessen.)

San Cristóbal	cf. B. III.
El Paramillo	1150 m
La Cuaja Piedra	1410 »
Gipfel des Pinopasses	2305 »
Hauptgipfel, Kreuz	2485 »
La Fortuna	1430 »
La Loma	1100 »
Höherer Punkt	1415 »
Quebrada Negra	680 »
La Florída	1060 »
Pan de Azúcar	1140 »
Quebrada (1)	1015 »
Loma	1250 »
Casa el Balcon	1240 »
Quebrada (2)	1160 »
Haus	1185 »
Quebrada (3)	1160 »
Cerro	1270 »
Quebrada (4)	1135 »
Pulperia	1300 »
Brücke über den Rio de San Antonio	1060 »
Hügelzug	1400 »
Rio San Antonio bei Rio Bobo	1270 »
Rio Bobo, Kapelle (San José)	1460 »
Höhe der Hauptkette Portachuelo II	2815 »
Höhe der Vorkette	2495 »
Lagerplatz 30./31. III.	2285 »
Rio Pedernales	2060 »
Quebrada Mendonga	2060 m
El Abra	2150 »
Portachuelo I.	2510 »
Weghöhe, andauernd	2085 »
Monte San José, höchster Punkt des Weges	2225 »
Loma de los Indios, Kreuz 1.	1940 »
do. Kreuz 2.	1760 »
do. Kreuz 3.	1530 »
*Pregonero (14)	*1275 »
Gedeckte Brücke über den Uribante	1160 »
Mündung des Rio Negro	1130 »
Rio Puya	1010 »
La Trampa	1225 »
Quebrada	1035 »
El Almorzadero	1580 »
La Fundación	1135 »
Cerro Viso, Buena Vista	1570 »
Flussbett des Uribante	730 »
El Combudo	1370 »
Cerro bei Combudo	1455 »
Brücke Rio San Antonio	1060 »
Weg von Quiniquea abwärts	1450 »
*Quiniquea (5)	*1640 »
Vorberg	3120 »
Páramo de las Agrias	3450 »
Quebrada de los Mortos	2505 »
Páramo del Zumbadór, Kreuz (2)	2640 »
El Palmár	2530 »

La Raya (2)	1890 m
El Fiscál	1540 »
Sabana Larga (2)	1340 »
Cordero (2)	1165 m
*Táriba (6)	*880 »

VI. San Cristóbal—Lobatera—La Grita—Továr.

(April, Mai, Juni.)

*San Cristóbal	cf.B.III.
*Táriba	cf.B.V.
Guásima	1140 m
Passhöhe	1970 »
Borotá (2)	1495 »
*Lobatera	cf.B.I.
Hochfläche oberhalb Lobatera	1300 m
Höhe mit Kreuz	1550 »
Angaraveca, Passhöhe bei Los Hornos	2135 »
Quebrada	1775 »
Sandsteinhöhe, Kreuz	1950 »
Höherer Punkt, Schiefer	2170 »
Baumgrenze	2475 »
Zumbadór, Passhöhe	cf.B.V.
Höhen des Zumbadór, bis	2765 m
La Yerba Buena	2405 »
El Cobre (Vargas) (2)	2010 »
La Quinta (3)	1130 »
Rio unterhalb La Grita	1330 »
*La Grita, Haus des Sr. Don José de Jesús Gandica (19)	*1450 »
Pozo Azúl (2)	2315 m
Lagunen am Abhang des Páramo del Portachuelo	2615 »
La Quinta	cf. oben
Hacienda	995 m
Seboruco	905 »
Mesa Venegará	1580 »
Rio Venegará	1430 »
Capelle Sabana Grande	2050 »
Letztes Haus im Llano Largo	2385 »
El Palmár, Portachuelo	2550 »
Erste Häuser, Pueblo Hondo	2255 »
Pueblo Hondo, Marktplatz	2190 »
Geguïnes	1110 »
Cerro oberhalb Geguïnes	1195 »
Zea (6)	915 »
Passhöhe auf dem neuen Wege Zea—Továr	1330 »
*Továr (62)	*960 »

C. Guzmán.

I. La Grita—Bailadores—Továr.

(Januar und März.)

*La Grita	cf.B.VI.
Pozo Azúl	2315 m
Quebrada Porqueras	2575 »
Páramo del Portachuelo	3250 »
Quebrada Marmolejo	2650 »
La Cebada	2225 »
*Bailadores (Villa Paez) (23)	*1740 »
El Volcán (4)	1255 »
La Playa (4)	1265 »
Fuss der Mesa Adriana (2)	1310 »
Mesa Adriana oben (2)	1350 »
San Pablo (2)	1600 »
Mesa del Guerrero (Haus E. Labrador) (2)	2035 m
Mesa del Guerrero höchster Punkt (2)	2150 »
Mesa del Guerrero Südfuss (2)	2060 »
Bett des Rio Mucuties (Rio de la Villa)	2030 »
Las Tápias	2040 »
Minen de la Fortuna	2430 »
Casa La Tala, Margarita	2235 »
Weisse Kapelle oberhalb Bailadores	2080 »

II. Továr—Zulia; Továr—Zea—La Plata.

(Januar 6.—27.)

*Továr (62)	*960 m	Haus am Wege nach San Pedro	1300 m
El Peñón, höchstes Haus	755 »	Quelle des Rio Culebrilla	1260 »
Haus La Concordia zwischen Továr und Santa Cruz	705 »	Durchbruch des Rio Guaruries	1080 »
Santa Cruz (Ausgang nach Mucuties) (5)	590 »	Einmündung des 2. Weges von Továr	1005 »
Mucuties (Casa Don Simon Consalvi) (4)	580 »	Zea (6)	915 »
Höchster Punkt des Cerro zwischen Mucuties und Buenaventura	910 »	La Plata, Hacienda des Dr. José Maria Salas (6)	520 »
La Buenaventura (Casa D. Salvador)	750 »	——	
La Tala	920 »	Casa Salamanca (Buscatera)	1140 »
Las Palmitas	610 »	Kalkofen ebendort	950 »
Caño Negro	25 m (?)	Höhlen südlich Továr oberhalb Buscatera	1505 »
Santa Barbara	10 » (?)	——	
——		Laguna Negra	2190 »
Továr	cf. oben.	Laguna Mariño	1995 »
		Mesa de Santarita, Nordabhang der Küstenkette	2015 »
		——	

III. Továr—Guaraque—Pregonero—Továr.

(Februar 6.—10.)

La Playa	cf. C. I.	Puente de Aguadas (Rio Uribante)	1610 m
Mesa de la Laguna	1290 m	Mesita de Seizayál	1890 »
Rincon de la Laguna	1540 »	El Blanquizál	2660 »
Casa de los Pinos	2645 »	El Tembladál	2480 »
Páramo von Guaraque (Los Alineaderos)	2970 »	El Hato (Llano de San Antonio)	2440 »
Rancho auf der Mesa	2290 »	La Latalita	3110 »
Thal des Rio Guaraque	1640 »	Páramo del Batallón	3670 »
Höhlen von Guaraque	2110 »	Páramo de las Porqueras . . ca.	3450 »
Guaraque	1630 »	Páramo del Portachuelo	cf. C. I.
Mesa del Muerto	1790 »	Quebrada Marmolejo	cf. C. I.
El Alto de Pregonero	1760 »	La Cebada	cf. C. I.
Rio Michitú	1390 »	Mesa del Guerrero	cf. C. I.
*Pregonero	cf. B. V.	Casa E. Labrador	cf. C. I.
Cerro de los Montecitos	2125 m	Mesa de la Sucia	1840 m

IV. Továr—Mérida.

(Februar, zum Theil im April nochmals gemessen; von Mérida auch 30 Beobachtungen Ende Juni und Anfang Juli.)

Továr	cf. C. II.	Cerro zw. Mucuties u. Estanques	750 m
Durchbruch d. Rio Mucuties (4)	850 m	Estanques	495 »
El Peñón (4)	cf. C. II.	Weg Las Laderas (2)	570 »
Concordia (4)	720 m	Rio San Pablo	530 »
Santa Cruz (5)	cf. C. II.	La Bella Union	610 »
Mucuties (4)	575 m	Puente Real del Chama (2)	660 »

*Lagunillas (16)	*1110 m
Thal zwischen Lagunillas und San Juán	1035 »
San Juán (2)	1105 »
Höhenzug zwischen San Juán und Quebrada Sucia	1105 »
Mesa Caparú	1010 »
2. Mesa-Abstieg	900 »
Thal des Chama	840 »
La Vega de las Flores (2)	840 m
Mesa	900 »
Quebrada Enfadosa	850 »
La Vega de las Guaymaras	900 »
Hacienda Guaymaras } 2. Hacienda }	1095 »
*Ejido (11)	*1215 »
Las Cruces (2)	1270 »
*Mérida (79) Posada Ranjél	*1630 »

V. Mérida—Aricagua—Sta. Barbara—Mucuchachí—Továr.

(Februar 23.—März 9.)

*Mérida	cf. C. IV.
Häuser auf dem Cerro südlich des Chama	1800 m(?)
Páramo zwischen Mérida und El Morro	3005 m
El Morro (2)	1840 »
Rio de la Nuestra Señora	1410 »
Quebrada de Mucusurú	1550 »
Höhe des nach Mucusurú führenden Cerro	1995 »
Mucusurú (4)	2140 »
Weg zur Quebrada Mucusurú (oben)	2345 »
Grenze des Sandsteins	2405 »
Obere Grenze des Sandsteins gegen Schiefer	2915 »
2. Auftreten des Sandsteins	3270 »
Páramo de Aricagua	3415 »
Quebrada am Abstieg	2210 »
Bocomboquito-Häuser	1095 »
Aricagua (6)	1015 »
Cerro Mucuchapí	1560 »
Quebrada de los Chorros	1180 »
Höhe der Kette zwisch. Chorros und Caparro	2060 »
El Corral	1510 »
Rio Caparro (2)	640 »
El Alto de Canelones	1430 »
Quebrada Canelones (Bachaquero)	905 »
Rio Quiú	495 »
do. 2. Uebergang	370 »
La Cuchilla	730 »
La Vega de Quiú (2)	240 »
Capitanejo arriba	245 »
Weg andauernd ungefähr	280 »
Santa Barbara (6)	230 »
1. Kette nördlich Santa Barbara	400 m
Abstieg bis zu	210 »
2. Kette	390 »
3. Kette	520 »
El Cambur	340 »
4. Kette	635 »
Rio Caparro	310 »
La Sabaneta	560 »
Quebrada	415 »
Kahle Sandsteinkette	1035 »
Uebergang zur 2. Kette, Schiefer	1100 »
2. Kette (bewaldet)	1495 »
3. Kette (bewaldet)	1580 »
Sandstein ab	1370 »
Conglomerate ab	1235 »
Quebrada de la Lomita	905 »
Mucuchachí (5)	*1000 »
Auftreten des Sandsteins an der Cuesta de Canaguá	1525 »
Conglomerate	18 0 »
Páramo-Vegetation	2015 »
Höhe des Páramo	2060 »
Gipfelhöhe ca.	2250 »
El Vado	1310 »
Höhe der Sandsteinketten	1735 »
Libertad (Canaguá) (3)	1525 »
Vorberg des Páramo	2180 »
Páramo	2740 »
La Quebrada	1830 »
Flussbett abwärts bis zu	1710 »
Weg am Bergabhang bis zur Kapelle	2015 »
Thal von Molino, erste Häuser	1875 »
Casa Dolores Molina (3)	2040 »
Páramo de Molino	3305 »
Lagunen	2870 »
Vorberg	2565 »

Thal San Isidro	1735 m
Cerro » »	2000 »
Haus am Wege	1565 »
Abstieg nach Santa Cruz bis	745 m
Santa Cruz	cf. C. II.
*Továr	cf. C. II.

VI. Továr—Chiguará—Lagunillas—Ejido—Jají—Mérida.

(Juni 15.—23.)

*Továr	cf.C.II.
Höchster Punkt des Weges Továr-Chiguará	755 m
Brücke La Urbina	410 »
Höhe der durchbrochenen Sandsteinhügel	555 »
Chiguará (9)	*965 »
El Monte, Pass nach San Pedro	1140 »
San Pedro	1060 »
Chamathal unterhalb Chiguará	550 »
Quebrada El Barro, Mitte	910 »
Cerro oben	1090 »
Höherer Punkt	1235 »
*Lagunillas	cf.C.IV.
Casa Burrera	535 m
San Juan	cf.C.IV.
Vega de Flores	cf.C.IV.
Rincón	875 m
Beginn des Sandsteins	945 »
*Ejido	cf.C.IV.
El Moral, Hacienda (2)	1150 m
El Alto (2)	1625 »
2. Höhenzug	1605 »
Boconó, Gehöft	1565 »
Quebrada Gonzalez (2)	1365 »
Heisse Quelle (Temperatur 49°)	1400 »
Kalkstein wieder von einer Höhe von	1880 »
Alto de la Cruz	2015 »
Jají (5)	1815 »
Bananen Varietät noch bei	2230 »
Páramo del Tambór	2830 »
Puente Montalbán	1195 »
Las Cruces (2)	1200 »
Puente Albarregas	1230 »
La Punta (2)	1310 »
Ende der Haciendas	1520 »
*Mérida	cf.C.IV.

VII. Sierra Nevada—Culata—Pan de Azúcar.

(Juni 26.—28., Juli 3.—6.)

Chamabrücke bei Mérida (2)	1450 m
Kapelle	1725 »
Hacienda Davila (8)	1785 »
Baumgrenze (2)	2955 »
Abzweigung des Weges nach dem Hause (3)	3330 »
*Haus Don Vicente Quintero (20)	*3150 »
Hochmoor	ca. 3670 m (?)
*Punkt aufwärts	3885 m
Schneegrenze (am Gipfel Concha)	4380 »
Mérida	cf.C.IV.

Mérida	cf.C.IV.
Hacienda Davila	cf.oben.
Wald, Anfang des Gestrüpps	2140 m
Eigentlicher Wald	2370 »
Thor nahe der Baumgrenze	2945 »
Laguna	3030 »
Abzweigung des Weges	cf.oben.
Haus Quintero	cf.oben.
Zu Pferde bis	3990 m
*Fuss des Picacho de la Coluna	*4145 »
Alto del Páramo	4080 »
Casa Quintero	cf.oben.

Mérida	cf.C.IV.
Plazuela de Milla	1725 m
Mesa	1865 »
Hacienda El Pantano des Don Salomon Briceño	2465 »
*Casa Quintero (12)	*2930 »
Letztes Haus Culata, Llano Malpaso	3440 »
Pan de Azúcar	4640 »
*Beobachtungs-Punkt unterhalb	*4530 »

VIII. Mérida—Mucuchies—Timotes—La Puerta.

(Juli 9.—13.)

Chamabrücke	cf. C. VII.	Piedra Gorda (2)	3780 m
Tabai (2)	1760 m	*Alto de Timotes (Paramo de Mucuchies) (2)	4120 »
Cacute (2)	2180 »	El Almorzadero (2)	3570 »
Escaguai (2)	2285 »	La Cruz Chiquita (2)	3510 »
Mucurubá (2)	2510 »	Chachopo (2)	2620 »
*Cenizero (26)	*2645 »	Motatán-Brücke	2145 »
Haus auf dem Cerro de los Hoyos	3120 »	Timotes (2)	2055 »
Mucuchies (2)	3030 »	La Vega de Timotes, Haus Diaz (6)	1565 »
San Rafael (2)	3190 »	Höhe des Cerro	2180 »
Los Apartaderos (10)	*3270 »	La Puerta (2)	1835 »
Barro Negro (2)	3645 »		

D. Trujillo.

I. Valera—Mendoza—Monte Carmelo—Escuque—Motatán—Valera.

(Juli 20.—26.)

*Valera (36) (Haus Bremermann)	*620 m	Las Cruces	1415 m
Cucharito, Wirthshaus (2)	835 »	Boquerón	1235 »
Cucharito-Brücke (4)	880 »	Höhe hinter Boquerón	1355 »
Mendoza (10)	1265 »	*Escuque (10)	*1075 »
Höhe über Mendoza	1750 »	Alto de Escuque	1370 »
Páramo zwischen Monte Carmelo und Mendoza	2125 »	Laguneta	1305 »
Casa Terrán, San José de Pocó (Palmira)	1280 »	Las Trincheras	500 »
Rio Pocó	970 »	Betijoque (6)	630 »
*Monte Carmelo (10)	*990 »	Isnotú	810 »
El Pescado	550 »	Hacienda	780 »
Hacienda Mimbós (2)	395 »	Ponemesa (2)	1075 »
Caus, Rio	385 »	Höhe bei Ponemesa	1085 »
Caus, Pueblo	575 »	Sabana Libre	1065 »
Colombia, Petrolquelle	905 »	Las Termas (Baños)	525 »
		Corosito	890 »
		Motatán	380 »

II. Valera—Trujillo.

(Juli 28.—31.)

*Valera	cf. D. I.	Vega de Pampanito	355 m
Motatánbrücke	475 m	Pampanito	405 »
San Rafael de Carbajál	675 »	Flussdurchbruch bei Aguadita	590 »
Sabana Larga	535 »	Plazuela	640 »
Mesa Chipuén	450 »	*Trujillo (18) (Haus Guerra)	*850 »
Rio Jiménez (2)	310 »		

III. Trujillo—Jajó—Tuñame—Mesitas—Niquitao—Boconó.

(Juli 30.—August 22.)

*Trujillo (18)	cf. D. II.	Conglomerate in Blöcken aufwärts von	1320 m
La Carmona (Hacienda del Sr. D. Juan Carrillo Guerra)	955 m	La Laguneta	1705 »

San Lázaro (6)	875 m
El Barrero (2)	1095 »
Cerro Carmelo (2)	1955 »
Quebrada	1510 »
La Quebrada Grande (2)	1490 »
Beginn der Cuesta	1735 »
Páramo (2)	2345 »
Erste Häuser	1865 »
Quebrada	1430 »
Cerro	1635 »
Jajó (3)	1820 »
Quebrada Sururui, Brücke	2495 »
Casa Rafael Montilla	2820 »
Páramo de Tuñame (2)	3770 »
Las Mesitas (General Rivas) (2)	2525 »
Cerro Colorado	2615 m
Chejendé (2)	2545 »
*Niquitao (14)	*2240 »
Brücke bei Niquitao (3)	2075 »
Teta de Niquitao, Höhlen	3695 »
Letzte Häuser an der Teta (2)	3530 »
Geschätzte Höhe des Gipfels der Teta de Niquitao... ca.	4000 »
Alta Mira (3)	1955 »
Rio Burate	1525 »
Tostós	1490 »
Kapelle Bitucui	1915 »
Cerro, Loma	2130 »
Playa Burate	1525 »
*Boconó (32)	*1225 »

IV. Boconó—Morro; Boconó—Trujillo.

(Aug. 15. und 29.)

Alto	2100 m
El Batatál	1505 »
Jiménez	1365 »
Periquito	1350 »
Höhenzug	1330 »
El Morro (Campo Elias) (6)	1110 »
Páramo de la Cristalina	3000 m
La Cristalina (Haus)	2375 »
Quebrada Mocoi (Atajo)	2026 »
La Laguna, Beginn des Abstieges	1810 »
*Trujillo	cf. D. II.

V. Trujillo—Carache.

(Sept. 4.—7.)

*Trujillo	cf. D. II.
Strassenkreuzung, Mündung d. Mocoi	620 m
1. Häuser; 1. Höhe (2)	1355 »
2. Häuser; 2. Höhe (2)	1660 »
Los Algodónes (2)	1835 »
Páramo (2)	2410 »
Burbusai (12)	*1675 »
Cerro zwischen Burbusai und San Miguel (2)	2065 »
San Miguel	1770 m
Quebrada seca	1195 »
Cerro Cuchilla	1550 »
Vereinigung des Rio Carache mit dem Rio Hato Viejo	1060 »
Las Moritas	1230 »
La Playa (3)	1275 »
*Carache (46)	*1260 »

VI. Carache—Cuicas—Chejendé—Santana—Carache.

(Sept. 9.—18.)

*Carache	cf. D. V.
Alto de la Cuesta	1625 m
El Muerto	1310 »
Valle Hondo	865 »
Quebrada vor Cuicas	800 »
*Cuicas (20)	*1040 »
Cerro Frutas Coloradas bei Cuicas	1250 »
Cerro Gordo	1075 m(?)
Cerro Cocuizas	985 m(?)
Rio Carache (2)	685 m
Rancheria	1085 »
*Chejendé (Candelaria) (16)	*1080 »
Höhle Muñoz bei Chejendé	860 m(?)
Quebrada Timiache	915 m(?)
Mitón (Santa Filomena) (8)	1310 m

Alto de Cangilones	1970 m
Alto I.	2110 »
Santana (10)	*1715 »
Bolivia (2)	1390 »
Quebrada Santana	1090 »
Rio Carache (2)	1020 »
Erste Häuser vor Carache	1245 m
La Concepcion (Hato Viejo) (5)	1200 »
Iscacoi	1685 »
Höhe zwischen Iscacoi und Rincon	2085 »

E. Llanos von Zamora.

Morro—Guanare—Barínas—Pueblo Llano.

(August 2.—14.)

El Morro	cf. D. IV.
Rio Saguás	725 m
Sabana de Biscucui (2)	535 »
Paso del Rio (2)	470 »
Plazuela	295 »
Rio Guanare Furt	290 »
La Mesa	280 »
*Guanare (24)	*185 »
Rio Guanare	180 »
Rio Tucupido	190 »
Tucupido	200 »
Rio Boconó	180 »
Casa Marquezeña	205 »
Rio Masparro	205 »
Barrancas	235 »
Quebrada Yuca	210 »
Rio Santo Domingo	185 »
Barínas (6)	200 »
Sabane	345 »
Quebrada Seca	360 »

Quebrada Perango			345 m
*Barinitas (14)			*595 »
Cerro			685 »
Rio Santo Domingo, Brücke			530 »
Quebrada			580 »
Alta Mira (4)			890 »
Las Lajas, Cerro			1440 »
Quebrada Callejón Colorado			1135 »
Quebrada Orumbo			1135 »
Casa Valero, La Cuchilla (4)			1295 »
Cerro			1445 »
Bachaquero	Callejónes	zu Guzmán gehörig	1155 »
Quebrada Bellaca	Callejónes	zu Guzmán gehörig	1055 »
Quebrada II.	Callejónes	zu Guzmán gehörig	1550 »
do. I.	Callejónes	zu Guzmán gehörig	1710 »
Cerro	Callejónes	zu Guzmán gehörig	2045 »
Rio Aracai, Brücke		zu Guzmán gehörig	1680 »
Las Piedras (5)		zu Guzmán gehörig	*1805 »
Chinónbrücke		zu Guzmán gehörig	1725 »
Pueblo Llano (8)		zu Guzmán gehörig	*2265 »

F. Lara (Barquisimeto).

I. Carache—Humucáro—Tocuyo.

(September 18.—24.)

Carache	noch zu Trujillo gehörig	cf. D. IV.
Alto I.	noch zu Trujillo gehörig	2180 m
Alto II. de las Piedras (2)	noch zu Trujillo gehörig	2480 »
Alto III. de las Palmas (2)	noch zu Trujillo gehörig	2620 »
Alto IV. (2)	noch zu Trujillo gehörig	2645 »
Agua de Obispos (2)	noch zu Trujillo gehörig	2275 »
Alto V. (2)		2765 »
Quebrada, Haus La Peña		2005 »
Las Montañuelas		2095 »

Quebrada Porra	1130 m
*Humucáro bajo (32)	*1165 »
Rio Tocuyo bei Humucáro bajo	870 m (?)
El Almorzadero	805 » (?)
Agua Sucia	790 » (?)
Niedrige Höhen	730 » (?)
*Tocuyo (Ciudad del Tocuyo, El Tocuyo) (38)	*655 m

II. a. Tocuyo—Guarίco. b. Tocuyo—Barbacoas.

(September 24.—Oktober 4.)

a.		El Hatillo (2)	945 m
*El Tocuyo	*655 m	Cuatro Quebradas (2)	1865 »
El Molino (2)	675 » (?)	Alto (2)	2305 »
El Cercado (2)	810 » (?)	Montaña (2)	1680 »
Alto (2)	1275 » (?)	Quebrada Molina (2)	1175 »
Guarίco	1135 » (?)	Quebrada Vino (2)	1220 »
b.		Cerro (2)	1525 »
Rio Tocuyo (2)	640 »	Quebrada Honda (2)	1390 »
La Peña	755 »	*Barbacoas (22)	*1495 »

III. Tocuyo—Barquisimeto.

(Oktober 6.—12.)

El Tocuyo	cf. F. II.	El Tostado (2)	735 m
Hügel	675 m	Cerritos Blancos	660 »
Quibor	730 »	*Barquisimeto, Haus des Sr. D. Tomás Andonáegui (48)	*605 »
Campo Alegre	755 »		
Sadui	770 »		

IV. Barquisimeto—Acarigua—Yaracui.

(Oktober 12.—24.)

Rio Barquisimeto	475 m	*Acarigua (20)	*220 m
Cabudare	460 »	*Agua Blanca (31)	*200 »
Rastrojo	465 »	Paso Cojedes (2)	185 »
Mamón	435 »	Cerro Toruno	310 »
Hügelzüge	490 »	Cerro Cuesta del Burro	320 »
Quebrada Seca	465 »	Rio Barquisimeto	220 »
El Cujisito	390 »	Buría de Londres (3)	270 »
Quebrada	355 »	El Hato	360 »
Sarare (3)	295 »	Sabana del Castillo	370 »
Quebrada Miel	315 »	*Chivacoa (8)	*315 »
Cerro Gordo	260 »	Yamaro (Libertad)	215 »
Pueblo Nuevo	240 »	Rio Yaracui	180 »
Araure	210 »		

G. Carabobo—Guzman Blanco.

Yaracui—Valencia—Ortiz—Carácas.

(Oktober 24.—November 21.)

Rio Yaracui	180 m	Los Pátios	725 m
Cerro	430 »	Garcí-Gonzalez	635 »
Sabane	340 »	Weghöhe am Picacho de Nirgua	1115 »
Quebrada Báquira	385 »	Geschätzte Höhe des Picacho de Nirgua	1400 »
Buría de Nirgua (2)	545 »	Rio Nirgua	780 »
Rio Nirgua	500 »	*Nirgua (34)	*820 »
Minen von Buría de Nirgua	530 »		

Cerro Madera (2)	1005 m
Matanza	940 »
Mine Los Aguacates	765 »
Rio Oruje	745 »
Passhöhe	825 »
Hacienda Los Potreros	820 »
Rio Tigre, El Tigre	645 »
Glimmerschieferhügel	770 »
Miranda (6)	650 »
Cerrito Portachuelo	715 »
Rio Agua de Obispo	645 »
Cerrito (hinter Sabaneta)	795 »
Rio Aguirre	650 »
Rio Tirgua	650 »
Bejúma	675 »
Cerro	815 »
Chirgua	640 »
Tarabana	645 »
Cumbre de Batatal	845 »
Barrera, Montebernón (6)	620 »
Brücke	485 »
Alto de Uslar	505 »
Rio Tocuyito	470 »
*Valencia (21)	*495 »
Bárbula	600 »
Passhöhe von Trincheras	680 »
Las Trincheras (Baños)	435 »
Guayas	455 »
Guacára	465 m
San Joaquín	480 »
Maracai (3)	465 »
Guarabate	520 »
*Villa de Cura (Ciudad de Cura (24)	*567 »
Rio Tucutunemo	495 »
Posada Carmen	470 »
Tucutunemo-Guárico-Durchbruch	450 »
Rio Guárico	440 »
Rio San Juán	440 »
San Juán de los Morros (4)	480 »
Flores (7)	390 »
Cerro de Flores bestiegen bis	1220 »
La Uvitera	265 »
Párapára	235 »
*Ortiz (9)	*215 »
Cagua	555 »
San Mateo	495 »
La Victoria	600 »
El Consejo	620 »
Las Tejerias	570 »
Guayos	480 »
Los Canales	1185 »
Los Teques	1150 »
*Carácas, Fuss der Cathedrale zu Grunde gelegt	*922 »

	Codazzi.	Boussingault.	Sievers.
Pamplona	—	2311 m	2290 m
Mérida	1649 m	1619 »	1630 »
Mucuchies	2360 »	2991 »	3030 »
Trujillo	819 »	832 »	850 »
Tocuyo	630 »	629 »	655 »
Valencia	565 »	488 »	495 »
Maracai	451 »	439 »	465 »
Victoria	515 »	561 »	600 »

Dr. Gustav Nachtigal †.

Nachruf, gesprochen in der Geographischen Gesellschaft zu Hamburg am 7. Mai 1885.

Von

Dr. G. **Neumayer.**

Hochverehrte Mitglieder der Geographischen Gesellschaft, verehrliche Gäste! Unser verehrter Vorsitzender hat mich beauftragt, in der heutigen Sitzung dem Andenken des jüngst in den afrikanischen Gewässern verstorbenen Generalkonsul des Deutschen Reiches, Dr. Gustav Nachtigal, einige Worte zu widmen. Es ist wahrhaftig nicht erst nothwendig, Sie auf das traurige Ereigniss, welches uns durch den Telegraphen von St. Vincent übermittelt wurde, in seiner Bedeutung darzulegen. Sind doch sämmtliche Blätter unserer Heimathstadt, unseres Vaterlandes, ja — wir dürfen es aussprechen — der ganzen civilisirten Welt bereits mit, die Verdienste des kühnen geographischen Forschers preisenden Nekrologen angefüllt und macht sich doch überall die aufrichtigste Betrübniss geltend über den Heimgang Nachtigals, der noch in der vollen Blüthe der Jahre stand. Aber es ist auch eine so kurze Zeit erst verflossen, seit den Tagen, in welchen der Verstorbene im Dienste der Wissenschaft und seines Vaterlandes die glänzendsten Erfolge errungen hat; die Geschichte der Gegenwart ist voll seines Lobes und bedürfte es kaum einer Darlegung alles dessen, was uns an Nachtigal mit Bewunderung und mit Dank erfüllt. Wenn ich es dennoch unternehme, von dieser Stelle und, mich noch ganz unter dem Eindrucke des Schmerzes über die Trauerkunde befindend, Ihre Aufmerksamkeit für einige Augenblicke in Anspruch zu nehmen, so glaube ich, dadurch einer Pflicht, sowohl gegen den Verstorbenen, als unsere Gesellschaft, deren Ehrenmitglied er gewesen ist, zu genügen. Voraus sei bemerkt, dass es sich dabei nicht darum handeln kann, der geographischen und politischen Verdienste Dr. Nachtigals an dieser Stelle eingehend zu gedenken, solches muss beredterem Munde und geübteren Federn vorbehalten bleiben.

Dr. Gustav Nachtigal war ein Sohn der Altmark, daher aus derselben Gegend entstammend, die die Geburtsstätte unseres grossen Reichskanzlers ist und erlangte seine erste Bildung an dem Gymnasium zu Stendal, an dem auch einer der grössten Geister der Wissenschaft und unseres Vaterlandes im vorigen Jahrhundert die ersten Keime seiner wissenschaftlichen Schaffenskraft empfangen; wir meinen Winckelmann. Es mag zukünftigen Biographen beschieden sein, zu ergründen, wie ein solches Vorbild den Jüngling in ernsten Studien förderte und edle Ziele des Strebens in seiner Brust entwickelte. Für die heutige Gelegenheit genügt es, anzuführen, wie der junge Mann nach zurückgelegten Studien und der Promotion als medizinischer Doktor zur geographischen Arbeit hingeleitet wurde, auf welchem Felde er sich unvergängliche Lorbeeren errungen hat. Ernste Besorgnisse um seine Gesundheit — er neigte zur Tuberkulose — veranlassten Nachtigal, wärmere Klimate aufzusuchen und so kam er nach Tunis, Anfang der 60er Jahre, wo er bald als Leibarzt des dortigen Bey hohe Anerkennung und Gelegenheit fand, für in der Zukunft zu unternehmende grössere Reisen nach dem Innern Afrikas vorbereitende Studien zu machen. Namentlich war es das Studium der arabischen Sprache und die Pflege des Verkehrs mit im Koran geschulten Mohammedanern, welche ihn damals beschäftigten und in der Folge befähigten, sowohl gründliche Beobachtungen über Völker und deren Sitten zu machen, als auch überhaupt unter den Völkern Inner-Afrikas mit vorher nie dagewesenem Erfolge zu reisen. Es kennzeichneten ihn, den Edris Effendi der Araber, in den ersten Jahren seiner afrikanischen Thätigkeit sowohl, als in dem, was wir jüngst über ihn erfuhren — neben einer gründlichen wissenschaftlichen Bildung — eine klare und bestimmte Auffassung der Vorgänge um ihn her und eine von bewunderungswerthem Taktgefühl durchdrungene Initiative, wenn es zu handeln galt. Dabei darf zu erwähnen nicht vergessen werden, dass sein edles, von menschenfreundlichen Gefühlen durchdrungenes Wesen ihn überall mild und gerecht sein liessen, so dass er selbst von jenen, deren besonderes Interesse er nicht zu wahren vermochte, eine wohlwollende Beurtheilung erfuhr und geachtet wurde. Wer sein grosses Werk »Sahara und Sudan« gelesen, wird sich bei diesen so eben gesprochenen Worten erinnern, mit welch' unerhörten

Schwierigkeiten Nachtigal zu kämpfen hatte und mit welchem unerreichten Geschicke er dieselben zu überwinden vermochte.

Den Anstoss zu seinen grossen geographischen Thaten gab jene Mission von dem Könige Wilhelm von Preussen an den Scheich Omar in Bornu zum Zwecke der Ueberreichung königlicher Geschenke in Anerkennung der Behandlung, welche unsere Landsleute Heinrich Barth, Overweg, Vogel und Beurmann seitens dieses Herrschers erfahren hatten. Uns, als Geographen, ist es noch gegenwärtig, wie Nachtigal im Jahre 1869 an die Ausführung der schwierigen, nach Kuka gerichteten Mission schritt und zunächst seinen Weg auf Murzuck nahm. Auch erinnern wir uns, wie er dort mit dem unglücklichen Fräulein Tinne kurz vor deren Ende zusammentraf, wie er jene denkwürdige, an Abenteuern und Gefahren so überaus reiche Reise nach Fezzan und dem Wüstenstriche Tibesti im Jahre 1869/70 ausführte und reich an Erfahrungen aller Art wieder auf Murzuck zurückkam. Wir wissen, mit welch' kühnem Muthe er den grossen Zug nach Bornu zum Scheich Omar unternahm und die Länder des Tsäde nach allen Richtungen durchforschte. Seine Karawanenreisen nach Bagirmi und den Nachbarländern Somrai und Tummok, bewohnt von heidnischen Völkern, übertreffen an Kühnheit, Entschlossenheit, Klugheit und Vorsicht Alles, was bisher auf diesem Gebiete einer Forscher-Thätigkeit zu verzeichnen war. Wir lesen die Schilderungen, die uns Nachtigal gegeben hat, über seine Erlebnisse mit Bewunderung und zollen dem Geiste, der dieses Alles zu ertragen vermochte, ohne darüber zu Grunde zu gehen, die unbedingteste Anerkennung. Lebensfrisch und innerlich verbunden zu grossartigen Darstellungen von packender Macht, regen sie ebensowohl unser Vorstellungs-Vermögen an, wie sie bereichernd auf unser geographisch-ethnographisches Wissen einwirken. Oder wer von uns vermöchte die Eindrücke zu vergessen, die die Schilderungen über des Reisenden Leben in den Zügen des auf Sklaven Jagd machenden Herrschers von Bagirmi, Abu Sekkin, erweckten, wer vermöchte sich des tiefen Einflusses zu entschlagen, den jene Schilderungen auf unsere Auffassung der Zustände der Völker Inner-Afrikas ausüben mussten. Wir folgten und folgen heute noch im Geiste mit tiefer Erregung dem Fortgange jener Expedition, die uns Nachtigal in seinem Werke »Sahara und Sudan«, das durch den Tod Nachtigals leider unvollendet bleibt, schildert, die ihn nahezu 6 Jahre von aller Zivilisation, von allem Verkehre mit Europa abschnitt und die verursachte, dass die geographische Welt die intensivste Sorge für seine Sicherheit empfinden liess, eine Sorge, die selbst die welterschütternden Ereignisse der Jahre 1870 und 1871 nicht zum

Schweigen bringen konnten. Als der kühne Reisende dann noch, nachdem er den ihm freundlich gesinnten Sultan Ali in Wadai besucht und Kordofan und Darfur erreicht hatte und endlich Ende des Jahres 1874 [1]) in Kairo erschien, war des Jubels Aller, die sich für denselben interessirten, kein Ende. Die geographischen Gesellschaften aller Kulturländer der Erde wetteiferten in der Anerkennung der grossartigen geographischen Leistungen, welche damit zunächst einen Abschluss fanden. Unvergesslich sind die Triumphzüge, die der bescheidene Reisende von Assiut und Kairo durch Italien nach seiner Heimath, die ihn in den ersten Tagen des Juni 1875 wiedersah, zu erleben hatte. In demselben Jahre war es auch, dass Dr. Nachtigal als Delegirter Deutschlands den zweiten internationalen Geographen-Kongress in Paris besuchte und dort allenthalben die unumwundenste Anerkennung fand. Es mag besonders hervorgehoben werden, dass die Aufnahme und Würdigung, die Dr. Nachtigal damals in allen Kreisen des Kongresses erfuhr, nichts zu thun hatte mit der Behandlung, welche den sogenannten »Löwen des Tages« zu Theil zu werden pflegt, sondern lediglich darauf zurückzuführen ist, dass sich der deutsche Forscher allenthalben durch seine geographischen Anschauungen, durch seine gediegenen Kenntnisse und seine gereifte Erfahrung, sowie nicht minder durch seine wahrhaftige Bescheidenheit und weltmännische Klugheit und Sprachgewandtheit Achtung zu verschaffen wusste. Eine gleich hohe Anerkennung erwarb sich in demselben Jahre der hochverdiente Mann auf der Versammlung der »British Association« in Bristol, wo er in der geographischen Sektion über seine Reise vom Tsâde-See nach dem oberen Nil berichtete.

Die nächsten Jahre nach seiner Rückkehr waren der Bearbeitung des wissenschaftlichen Reise-Berichtes gewidmet. Endlich erschienen die beiden inhaltreichen Bände der »Sahara und Sudan« und nun trat Nachtigal, der Forscher, erst in das richtige Licht. Wenn vor dem Erscheinen des Werkes Zweifel wach wurden über die wirklichen wissenschaftlichen Verdienste der Reisen Nachtigals, so verstummten dieselben nunmehr gründlich. Nun wurde es klar, wie allseitig der unermüdliche Reisende in seinen Schilderungen war, wenn er das Klima und die Produkte der durchreisten Länder oder die Völkerstämme, unter denen er gelebt, schilderte. Hier widmete er der Topographie und geologischen Gestaltung der Länder, dort der Pflanzenwelt seine Aufmerksamkeit. Ganz besonders beleuchtete er allerwärts, wo immer sich Gelegenheit darbot, die Krankheits-Erscheinungen bei den Menschen und deren

[1]) 22. November.

Beziehungen zum Klima und zu dem Boden. Man hat Nachtigal einen Vorwurf gerade aus den zuletzt genannten eingehenden Studien machen wollen, den man gegen das Werk erhob, aber gewiss mit Unrecht, denn ein Jeder, der mit der afrikanischen Erforschungs-Geschichte vertraut ist, weiss auch, wie verheerend die Krankheiten wirken und von wie grosser Bedeutung es ist, deren Wesen zu erforschen, die Ursachen zu ergründen. Sprachliche und historische Forschungen in den durchreisten Ländern, deren Tiefe und Bedeutung erregen unsere ganze Bewunderung, und zwar in um so höherem Grade, als Nachtigal mit den dürftigsten, gradezu miserablen Mitteln seine Reisen ausführte und ununterbrochen mit Mangel aller Art zu kämpfen hatte.

Die Zeit der Ausarbeitung des vortrefflichen Werkes war überdies der Gesellschaft der Erdkunde in Berlin und der deutschen afrikanischen Gesellschaft gewidmet. Frisch ist noch in unserer Erinnerung sein verdienstliches Wirken als Vorsitzender der ersteren und als Rathgeber der zweiten der genannten Gesellschaften. Um die Bedeutung dieser Thätigkeit ganz zu würdigen, müssen wir uns daran erinnern, dass in jenen Tagen Deutschland an der Westküste von Afrika Fuss gefasst und im Begriffe stand, grosse Pläne der Erforschung des Innern dieses Kontinentes in Angriff zu nehmen. Welche Bedeutung die Erfahrungen, der gereifte Forschersinn unseres berühmten, nun verstorbenen Landsmannes für die deutschen Unternehmungen haben musste und auch gehabt hat, bedarf wahrhaftig keiner näheren Beleuchtung. Wir alle, die wir das Glück hatten, mit ihm zusammen zu wirken, sind noch erfüllt von dem Eindrucke, welchen Nachtigals Wirken, Rathen und Thaten auf uns machte.

Wir haben es dem Reisenden stets als ein besonderes vaterländisches Verdienst angerechnet, dass er sich zur Aufgabe stellte und die Aufgabe auch löste, das Schicksal von zwei Deutschen, im afrikanischen Kontinente zu Grunde gegangenen Reisenden während seiner langen Wanderungen aufzuklären. Wir werden nie vergessen, dass er die Grabstätte des im Jahre 1862 ermordeten Moritz von Beurmann in Enneri Dschugu besuchte und das Schicksal Dr. Eduard Vogel's in der Hauptstadt Wadai Abeschr aufklärte. Nachtigal hat durch diese That sowohl seinem allgemein menschlichen, wie insonderheit seinem vaterländischen Sinn ein unvergängliches Denkmal gesetzt.

Allein dieser edle, opferfähige, vaterländische Sinn sollte zu ganz anderen Thaten reifen und Früchte von realem Werthe tragen. Unser verstorbener Landsmann gehörte der Zeit nach nur zum Theil, in Wirklichkeit aber ganz jener Klasse deutscher Forscher an, die genügender Mittel und jeglichen Schutzes baar, ihre mühseligen

Forschungen in fremden Welttheilen ausführten und dazu beitrugen, dass der deutsche Name trotz politischer Zerfahrenheit der Heimath über den ganzen Erdball geachtet und gepriesen wurde. Wir preisen uns glücklich, dass der weit gewanderte und geprüfte Forscher nach ruhmvollen Thaten in die Heimath wiederkehrte und dass derselbe, als um die Mitte des vorigen Jahres eine Epoche praktischer Kolonial-Bestrebungen inaugurirt wurde, und die deutsche Regierung nach einem Manne suchte, der geeignet war, die sich daran küpfende, schwierige Aufgabe von Besitzergreifungen an der Westküste von Afrika zu leiten, die Wahl auf Gustav Nachtigal fiel. Durch seine Thätigkeit als Generalkonsul von Tunis für eine so schwierige Aufgabe vorbereitet, trat er denn in die Lösung derselben mit der ganzen Summe seiner Erfahrungen, mit der ganzen Schärfe und Klarheit seines Verstandes und seinem treuen vaterländischen Herzen ein. Wie ihm die Lösung gelang, haben wir während der jüngsten Monate mit Interesse und Stolz erfahren. Dass es sein Verdienst ist, dass die Wünsche der Nation nach dieser Richtung in so vorzüglicher Weise erfüllt worden sind, dafür mag unter Anderem die Thatsache sprechen, dass er nun, da seine Aufgabe als gelöst erachtet wurde, durch Sr. Majestät den Kaiser zu einer höheren Stelle berufen werden sollte, als ihn der Tod ereilte. An Bord Sr. Majestät Kanonenboot »Möwe« ist Dr. Nachtigal am 20. April einem perniziösen Fieber zum Opfer gefallen. Am nächstfolgenden Tage wurde er auf Kap Palmas, der südwestlichen Spitze des afrikanischen Kontinentes dem er sein Herzblut gewidmet hatte, in der Nähe der Stelle zur Erde bestattet, wo schon ein edler Sohn des Vaterlandes ruht. [1]) Ihm ist ein glorreiches Ende dadurch beschieden worden. Mitten in der Siegesbahn, ewig emporsteigend ist er, ohne jegliches Zeichen absteigender Kraft, im Dienste seines Vaterlandes und als treuer Sohn desselben gestorben.

Wir, die wir ihn gekannt und gewürdigt, die wir wissen, was er in diesen Zeiten dem Reiche werth war, trauern um ihn, da er uns entrissen wurde. Es erübrigt uns kaum etwas Anderes als dem Schmerze über den schweren Verlust einen Ausdruck zu geben und Sorge dafür zu tragen, dass so lange das gegenwärtige Geschlecht lebt, dem braven und treuen Menschen ein warmes Andenken bewahrt bleibe. Dass er in der Geschichte der Entdeckung und Erforschung des afrikanischen Kontinentes und des Aufschwunges unseres Vaterlandes zu überseeischer Machtentfaltung fortleben wird, dafür hat er

[1]) Dr. Philipp Schönlein gestorben auf einer Forschungsreise am 4. Februar 1856 und bestattet am Kap Palmas. Siehe Zeitschrift für Erdkunde 1875 p. 409 u. f. f.

selber Sorge getragen: Der Name Gustav Nachtigal's steht mit unvergänglichen Buchstaben in die eherne Tafel der Geschichte der Menschheit eingegraben! Hochverehrte Mitglieder der Geographischen Gesellschaft, verehrte Gäste, ich fordere Sie auf, zum Zeichen, dass Sie von der Wahrheit der von mir gesprochenen Worte erfüllt und voll der Verehrung für den heimgegangenen Forscher sind, Sich von Ihren Sitzen zu erheben.

Der untere Congo von Banana bis Vivi und die Bedeutung des Congo für die Erforschung der Hinterländer des deutschen Schutzgebietes Kamerun.

Von Dr. E. Zintgraff.

(Vortrag, gehalten in der Geographischen Gesellschaft in Hamburg am 4. Februar 1886.)

Seitdem der Congo durch die erste ruhmvolle Reise Stanley's dem Interesse des gebildeten Europas näher gerückt worden ist, seitdem man angefangen hat, mit dem Namen Congo mehr oder weniger hochgespannte Erwartungen zu verbinden, versteht man unter demselben jenen Strom, dessen ungeheures Gebiet das Herz Afrikas bildet. Allein man würde fehlgehen, anzunehmen, dass der Name Congo auch ebenso im Bewusstsein der dortigen Bevölkerung besteht, und dass sie denselben Namen für ihn hat, unter welchem wir ihn kennen; fast Dorf für Dorf haben die Neger einen anderen Namen für den grossen Strom, den sie dem Meere sich zuwälzen sehen.

So nennen die Eingeborenen bei Vivi den Congo N'Saddi, d. h. ein tiefes Wasser, die Musserongo Muansa, d. h. breites Wasser oder Muila, fliessendes Wasser; die Leute von M'Boma sagen wieder, wie zu jedem Fluss, so auch zum Congo Cuango, auch haben sie noch das Wort Sauka für Fluss, welches jedoch vorwiegend einen kleinen Fluss bezeichnet. Wir haben hier dieselbe Erscheinung, wie bei uns in Deutschland bei kleinen Flüssen, die von ihren Bewohnern oft nur mit Bach oder mit einer ähnlichen Bezeichnung belegt werden.

Schon weit auf dem hohen Meere, noch fern von der eigentlichen Congo-Mündung, einige Meilen südlich von Landana, nimmt der von Norden kommende Reisende die Einwirkung der Gewässer des Congo auf den Ozean wahr, welche die sonst so klaren Wogen desselben mit ihrer gelben Farbe trüben, und als erste wahre Anzeichen des afrikanischen Riesenstromes erblickt er auf der See grosse schwimmende Grasinseln, die ihm das endliche Ende langer Seefahrt ankündigen.

Der Anblick der Congo-Mündung ist grossartig; in einer Breite von ca. 11 km ergiesst sich der Strom ins Meer, und obgleich er an derselben eine Tiefe von 250—300 Faden hat, so ist die Einfahrt in den Banana-Creek, den Hafen, welcher durch eine in den Strom hineinlaufende schmale, sandige Landzunge von ca. 2 km Länge gebildet wird, nur seicht; diese Landzunge ist an ihrer breitesten Stelle höchstens 300 m breit.

Zahlreiche grosse Inseln, welche im Unterlaufe des Congo namentlich zwischen Ponta da Lenha und Banana liegen, und welche denselben sowohl auf der nördlichen, wie südlichen Seite in zahlreiche Arme und Kanäle theilen, lassen denselben auf den ersten Blick kleiner erscheinen, als man nach seiner Mündung erwarten sollte. Und doch ist das, was der Reisende von Bord des Dampfers auf dem Hauptkanale sieht, und was er für die mit Galerie-Wäldern bestandenen Ufer des Flusses hält, nicht annähernd die wahre Breite des Congo. Was man anfänglich für die Ufer des Stromes anzusehen geneigt ist, ist weiter nichts als ein nur selten durchbrochener Kranz von mit Wald geschmückten Inseln, welche die wirklichen Ufer dem Blicke verbergen. Dort, wo man am Horizonte von der Mitte des Hauptkanals aus niedrige Höhenzüge gewahrt, dort hat man an deren Fuss eine nur wenige Kilometer breite, hier und da mit Fächerpalmen bestandene Ebene zu erwarten, welche man, insofern die äussersten Kanäle des Congo im Norden und Süden sich längs derselben hinziehen, als eigentliche Grenze des Flussgebietes anzusehen hat.

Wenn nun die eigentliche Congo-Mündung von Sharkpoint bis Frenchpoint 10,5 km Breite hat, so ist der Strom nach einer Strecke von ca. 40 km doch bedeutend breiter und liegen die Grenzen des festen Landes 25 km auseinander.

Beispielsweise ist die französische Mission zu San Antonio am Südufer vom nördlichsten Punkte des Banana Creek, etwa dem Dorfe des Königs Ne M'Lao, in gerader Linie 28 km entfernt. Um von der San Antonio genannten holländischen Handelsfaktorei, auf einer der nördlichen Inseln des Südufers gelegen, nach Banana Creek zu fahren, hatte ich in einem schmalen Eingeborenen-Canoe, welches von 6 Ruderern bewegt wurde, 4½ Stunden nöthig, und beträgt die direkte Entfernung zwischen diesen beiden Punkten 17 km.

Je mehr man indessen stromaufwärts fährt, desto weniger werden die Inseln mit ihrem Baumschmuck, desto näher rücken die öden Hügel heran und verringert sich die Ebene am Fusse derselben, so dass bei M'Boma, 75 km oberhalb der Mündung, der Fluss nur noch 5 km Uferdistanz hat.

Von hier nimmt seine Breite stromaufwärts nunmehr rasch ab, und schon hinter der sogenannten Prinzeninsel, ca. eine halbe Stunde oberhalb M'Boma's ist der Fluss nur 1 km breit. Jetzt sind auch die Berge dicht an ihn herangetreten, die Inseln hören auf, und von den Bergen eingezwängt, deren Fuss er bespült, hat seine Breite bis nach Vivi und bei Vivi selbst zuweilen kaum mehr als 500 m.

Die Wassermasse des Congo ist gewaltig und namentlich zur Regenzeit, wo er bis 4 m den gewöhnlichen Pegel zu überschreiten pflegt.

Die Schifffahrt auf ihm ist schwierig, und obgleich Seeschiffe (ich sah eins von 1050 Tonnen bei M'Boma liegen) seinen Lauf bis etwa nach Nokki, 120 km von der Mündung, verfolgen können, so erfordert das Fahren auf ihm die grösste Aufmerksamkeit. Namentlich sind es zahlreiche Sandbänke im Unterlaufe, welche bis jetzt so ziemlich alle gegenwärtig auf dem Congo fahrenden Handelsdampfer kennen gelernt haben. Diese Sandbänke sind grösstentheils fliegende, d. h. sie ändern nach jeder Regenzeit ihre Lage, und muss nach Beendigung derselben von den Schiffen mit aller Vorsicht sondirt werden; bekannt ist übrigens die Bank von Mateba, die grösste in ihrer Art auf diesem Theile des Stromes.

Wo der Fluss von den Uferbergen eingeengt ist, ist sein Strom reissend und Wirbelbildungen häufig, doch können trotz dieser Wirbel Dampfer bis nach Vivi gehen; hier aber hört die Schifffahrt wegen der Stromschnellen und der Yellala-Fälle auf.

Aber nur gute, mit starken Maschinen versehene Dampfer können in diesen Theilen fahren, um durch die Strudel und Wirbel sich durchzuarbeiten; und wenn auch die Wirbel bei Fuma-Fuma etwa auf dem halben Wege als nicht gefährlich erscheinen, so sind sie ernsthafterer Natur in der Regenzeit bei Tundua und gerade vor Vivi, wo Wirbel und Strömung ganz besonders stark sind.

Mit vollstem Dampfe schwer arbeitend und unter dem Poltern der Schraube dringt der Dampfer langsam vorwärts; ja, kurz vor Vivi erlebten wir es einmal auf einer Fahrt, dass unser Dampfer nicht gegen die Strömung ankonnte; er kam zum Stehen, und einen Augenblick wich er, um nach einem spannenden Augenblick wieder vorzudringen; haben die Wirbel die Dampfschiffe doch schon zu wiederholten Malen mit sich herumgerissen. Bewundernswerth war die Geschicklichkeit, mit der uns unser Steuermann, eine athletisch gebaute, prachtvolle Crooboy-Gestalt, durch die Wirbel dirigirte. Hoch aufgerichtet, scheinbar ohne Bewegung, wie ein schönes Bronzebild, stand er am Steuer, und seine blitzenden Augen spähten emsig nach den Stellen zwischen den tosenden Wassern, die sichere Passage versprachen, und in den Wirbeln selbst folgte das Schiff blitzschnell in zickzackartigen Evolutionen seiner kundigen Führung, in anmuthigen Schwankungen kraftvoll bald die Ränder der Wirbel schneidend, bald aber durch einen Wirbel selbst drängend.

Die Schwankungen auf einem kleinen Boote übrigens sind weit weniger unangenehm als auf einem grösseren, und der grösste Dampfer der Freien Staaten, der »Heron«, der auch als Küstendampfer benutzt wird, wurde in der Regenzeit bei der Hinauffahrt und noch mehr bei der Hinunterfahrt an der Spitze von Tundua so gewaltig mehrere Male ruckweise hin- und hergeworfen, dass Gläser, Bücher etc. von den Tischen fielen, und einen Augenblick alle Anwesende tiefes Schweigen fasste; hing doch in diesem Momente das Wohl und Wehe des Schiffes nur an seiner Ruderkette.

Bei Tundua namentlich hat gerade der Strom eine ganz erstaunliche Stärke; er macht hier eine scharfe, fast rechtwinkelige Biegung auf dem südlichen Ufer, während er an dem nördlichen sich zu einem grossen Becken, dem sogenannten Höllenkessel, erweitert. Das Gebirge stürzt an dem nördlichen Rande fast lothrecht circa 300 Meter hoch hinab, wie ein riesiges Amphitheater, und während auf der Südseite an der Spitze von Tundua das Wasser mit einer kolossalen Gewalt um die Ecke geschossen kommt — die Schiffe fliegen stromabwärts einen kurzen Augenblick wie ein Eisenbahnzug um die Ecke — geht der Strom quer durch die Breite des Flussbettes nach dem nördlichen Ufer.

Hier wird das Wasser zurückgeworfen, und in der Mitte des Höllenkessels durch das Zurückfluthen dieser unheimliche Strudel erzeugt, der sich in wirbelndem Kreislaufe unaufhörlich dreht.

Der Anblick des Höllenkessels selbst ist, besonders wenn man stromaufwärts kommt, ungemein romantisch. Die Sonne vermag den grössten Theil des Tages nicht über den hohen nördlichen Rand hinweg zu scheinen, und während Fluss und Berghöhen vom grellen Lichte der afrikanischen Sonne beleuchtet werden, liegt die Wand des Höllenkessels selbst in graulicher Dämmerung und wirft dunkle Schatten auf die schwarzen Fluthen des Wirbels. Hier scheinen höllengeborene Mächte ihr finsteres Spiel zu treiben und gierig auf Beute zu lauern; und wehe dem unglücklichen Schiffer, der in ihren Bereich kommt.

In früheren Zeiten, als die Faktoreien oberhalb dieser gefährlichen Stelle noch nicht bestanden, und die Neger mit ihren Canoes den Fluss hinunter fahren mussten, da passirte es oft, wenn sie in allzu grosse Nähe der Wirbel kamen, dass sie anfänglich langsam, dann immer schneller und schneller der kreisenden Bewegung hülflos folgen mussten, bis der Strudel sie hinabzog. Mancher mag so untergegangen sein, und selbst die, welche von dem Wirbel wieder in den Strom zurückgeworfen wurden, kamen aus der Scylla in die Charybdis, deren Rolle hier zu Lande das Krokodil spielt, und dem die Schiffbrüchigen willkommene Beute waren. Noch zahlreichere Opfer forderten in diesen Zeiten die unterhalb Nokki befindlichen Wirbel von Fuma-Fuma, die um so gefährlicher für die Schifffahrt mit Canoes sind, als sie die ganze Breite des Stromes einnehmen und nicht zu umgehen sind; doch behauptet man, dass ihre Stärke zu Zeiten sehr verschieden ist, und sie zuweilen nicht sonderlich wahrnehmbar sind.

Bei Vivi dicht am Fusse der Station ist besonders die Wirbel- und Strudelbildung sehr bedeutend. Ungemein interessant und belehrend ist in dieser Hinsicht ein altes Flussbett eines gegenüber Vivi mündenden kleinen Nebenflusses des Congo, des M'Pozo, welches man auf dem Wege von Nokki nach S. Salvador in dem Oberlaufe dieses Nebenflusses passirt. Das Thal des M'Pozo ist etwa eine Stunde breit, und nachdem man den eigentlichen Fluss überschritten hat, trifft man nach circa 10 Minuten auf ein früheres Flussbett desselben, welches einst eine Breite von ca. einer halben Stunde hatte. Der Weg führt über scharf ausgewaschenen steinigen Boden und durch zahllose sumpfige Lachen und Wasserlöcher. Man hat den Eindruck, als wandere man quer über eine alte, tief ausgefahrene, mit grossen Steinplatten belegte Strasse. Dort, wo sich ein Querriegel im Gestein, und deren giebt es sehr viele hier, entgegenstellte, staute sich das Wasser; es wurde zurückgedrängt, und die Wirbel, welche durch die dadurch entstandene kreisende Bewegung hervorgerufen wurden, haben sowohl vor dem Querriegel auf dem Boden des Flussbettes oft ganz bedeutende, trichterförmige Löcher ausgewaschen, als auch die Querriegel selbst durchwaschen und durchbrochen, so dass nur noch seltsam geformte, spitzige Zacken übrig geblieben sind, die allenthalben emporstarren, und die mitunter von solcher Regelmässigkeit sind, dass man glauben könnte, den stachligen Rücken irgend eines vorsintfluthlichen, versteinerten Riesenfisches aus dem Erdboden hervorragen zu sehen.

So muss auch, aber in noch viel grösserem Masstabe, der Boden des Congo bei Vivi aussehen, wo ein felsiger Gebirgsquerriegel das Flussbett durchzieht, und wo man Wirbel von 50 bis 70 m Durchmesser bei einer beständigen Senkung des Zentrums von 7 bis 10 cm wahrnimmt, namentlich wenn man in einem kleinen, wenig über Wasser erhabenen Fahrzeuge, wie es die kleine Dampfbarkasse »Esperance« ist, dicht am Rande derselben vorüberfliegt.

Kaum aber dürfte es eine bessere Gelegenheit geben, sich eine deutliche Vorstellung von der Wirbel- und Strudelbildung und von dem Wirken und Arbeiten des Wassers auf dem felsigen Boden zu bilden, als beim aufmerksamen Betrachten dieses alten M'Pozo-Flussbettes, welches wie ein aufgeschlagenes Buch der Natur vor uns liegt.

Den schönsten Eindruck vom Congo und seinen landschaftlichen Reizen erhält man unstreitig von dem bei M'Boma gelegenen Monolithen.

Der Monolith ist eine ca. 10 Meter hohe Granitsäule, welche auf dem oberen zweiten Drittel eines ca. 120 Meter hohen Hügels, dessen Fuss unmittelbar von den Fluthen des Congo bespült wird, steht. Man kann den Monolithen das Wahrzeichen von M'Boma nennen; denn lange schon, ehe man M'Boma beim Hinauffahren von Banana sieht, erblickt man bald mit dem Verlassen von Ponta da Lenha diese Granitsäule, welche, von M'Boma wieder aus gesehen, mit den ihren Fuss umgebenden, gewaltigen Felsblöcken wie der hohe Thurm einer Kirche erscheint. Der Monolith steht auf einer kleinen Plattform, welche von ungeheuren Felsblöcken gebildet wird, und von diesem Standpunkte aus empfängt man wohl den vorzüglichsten Eindruck der unteren Congo-Landschaft.

Nach Osten und Westen hin sieht man die Wasserfläche des Congo, der hier durch sieben Inseln in mehrere Arme getheilt wird, und von denen jeder einzelne immerhin noch eine respektable Breite und Strömung hat. Die Inseln selbst sind theilweise bergig und bewaldet, theilweise nur von Röhricht und Gras bewachsen; die grösste dürfte eine Länge von 2 Kilometern haben. Stromaufwärts sieht man in der Ferne die weissen Häuser M'Boma's aus grünender Umgebung hervorleuchten, während weiter ostwärts den Strom hinauf bräunliche, hie und da baumbewachsene Bergzüge den Hintergrund abschliessen. Sanft ansteigende Bergkuppen erheben sich auf den Höhenzügen, und selten findet sich im Gegensatz zu ihren weichen Formen ein schroffer Abfall; nur auf dem Südufer sieht man die zackigen Formen des N'Gamanbansi sich in der durchsichtigen Luft scharf vom Horizonte abheben.

Der braune Ton, welcher der ganzen Landschaft während der Trockenzeit eigen, würde dem ganzen Bilde einen sehr monotonen Anstrich verleihen, wenn nicht hin und wieder das Grün der Waldungen oder die grasbewachsenen Ufer irgend eines dem Congo zuströmenden

Flüsschens eine angenehme Abwechslung hineinbrächte. Zuweilen sieht man auf höheren Kuppen ganz vereinsamt einen einzelnen Baum oder kleine Baumgruppen stehen.

Wird man häufig beim Vergleich fremder Gegenden mit denen der Heimath an eine gewisse Aehnlichkeit erinnert, die zwischen beiden besteht, so sucht man hier vergeblich derartige Anhaltspunkte. Anfänglich nicht anheimelnd, schaut uns fremdartig die zu unseren Füssen liegende Landschaft an, und nur langsam lässt das Auge ab von dem Versuche, heimische Erinnerungen hier wiederfinden zu wollen, bis es die eigenthümliche Schönheit dieser Gegenden für sich verstehen lernt und lieb gewinnt. Da erinnert schon eher an heimische Gegenden das Aussehen des Stromes zwischen M'Boma und Vivi.

Der Eindruck jedoch, den die Gegend bis Vivi macht, ist verschieden zu verschiedenen Zeiten. Erscheinen gegen Ende der Trockenheit die steilen gras- und busch-, höchst selten mit einer Baumgruppe bestandenen steinigen Berge auch hier ungemein öde wegen ihrer braunen und grauen Farbe, so bieten sie kurz nach der Regenzeit ein gefälligeres Aussehen.

Manchmal träumt man sich an Bord des Dampfers auf einer Rheinfahrt, so anheimelnd schauen uns die felsen- und schluchtenreichen Bergzüge, mit frischem Grün geschmückt, an, und namentlich des Abends bei schönem Sonnenuntergange kann man die Gegend stellenweise romantisch finden; dann aber glaubt man wieder auf einem kleinen, hoch gelegenen Schweizersee zu sein, dessen Vorstellung die Buchten und Krümmungen des Stromes, sowie die die Becken und Fernsicht abschliessenden Bergzüge im Hintergrunde erwecken.

Indessen entspricht der Eindruck, den das Landschaftsbild am unteren Congo, vom Flusse aus gesehen, auf den Reisenden, den Ankömmling in diesen Gegenden macht, im Grossen und Ganzen genommen wenig den Vorstellungen, die man sich von tropischen Gegenden zu machen pflegt. Aber es wäre falsch, nach diesem Anblicke allein die ganze Umgebung des Congo aburtheilen zu wollen, und geht man nur einige Kilometer landeinwärts, namentlich auf dem südlichen Ufer, so ist man erstaunt, ein so ganz anderes Landschaftsbild zu finden, von dem der Reisende, der auf schnellem Dampfer an den Galeriewäldern des unteren Congo vorbeifliegt, kaum eine Ahnung hat.

Dass die Gegend am unteren Congo so wenig tropische Reize bietet, das fällt Jedem auf, der nur einmal bis Vivi gefahren ist; viele Berge, viele Steine und wenig Bäume; ein leidlicher Anblick nach der Regenzeit, wenn Alles grünt, ein sehr eintöniger in der Trockenzeit, wenn Alles braun, grau und schwarz ist.

Desto angenehmer war ich enttäuscht auf einer Reise im Lande der Musserongo, auf dem Wege von Kikia nach Wumpa, namentlich auf dem Rio Wumpa selbst, einem Seitenarm des Congo, jene tropischen Bilder anzutreffen, wie sie die Beschreibungen anderer Reisender in meiner Vorstellung erzeugt und die ich bis da vergeblich gesucht hatte.

Das war die Tropennatur mit ihrer üppigen Fülle und Pracht, diesem Reichthum und dieser Mannigfaltigkeit des Pflanzenreiches, wie ich sie an einem herrlichen Frühmorgen in schwankendem Boote durch die schmalen Wasserarme des Wumpa langsam dahin gleitend, zum ersten Male erschaute. Stille herrschte allenthalben, und während unten auf den Wassern noch Dunkel ruhte, und leichte Nebel daherzogen, badeten sich oben die thaufeuchten Wedel hoher Palmen im goldigen Lichte des jungen Tages.

Träumend hängt man seinen Gedanken nach, sich dieser friedlichen Stimmung überlassend, und schweift in anderen Welten. Da erblickt das Auge zufällig den scheusslichen Kopf irgend eines Krokodils, welches, vielleicht gar nichts Böses denkend und ohne unsere Anwesenheit zu ahnen, sich von den ersten Strahlen der Sonne erwärmen lässt. Aber sein widerlicher Anblick reisst uns in die Wirklichkeit zurück, und ingrimmig senden wir dem verhassten Feinde eine Kugel zu, die es geräuschlos verschwinden lässt. Aber auch zahlreiche andere Geschöpfe hat der Donner unserer Büchse, der noch lange über dem Wasserspiegel und zwischen den Bäumen daherrauscht, aus ihrer Ruhe aufgescheucht; im Walde regt sich Leben.

Rothbeschweifte Graupapageien wiegen sich auf den Zweigen und schreien misstönig, langgeschwänzte Affen klettern von Ast zu Ast, weisse Adler ziehen hoch in der Luft ihre Kreise, und hin und wieder schnellt ein Fisch aus dem Wasser.

Eben so verschieden ist die Gegend von der Uferlandschaft des Congo selbst, welche man auf dem Wege nach S. Salvador streckenweise durchwandert.

Eine reichere Vegetation macht sich in den Schluchten und Thälern bemerkbar, und fast täglich gewahrt der Blick von der Höhe tief unten in weiten Thalebenen breite, grüne Streifen, die sich gleich riesigen Schlangen dahinwinden, baum- und buschbewachsene Ufer irgend eines Wasserlaufes. In diesen Niederungen auch ist es, wo man zuweilen kleine Urwälder passirt, und aufathmend durchschreitet man langsamer das kühle Waldesdunkel, wo riesige Bombax- und

Palmbäume, üppig emporschiessendes Unterholz und allenthalben herabhängende Lianen dem Blick nicht allzu viel Spielraum gestatten.

Und welch' ein Genuss, wenn der von Hitze und Sonnenbrand ermüdete Reisende in dieser tiefen Stille ein Wasser zwischen Felsen daherrauschen hört, ein Genuss, so selten in diesen Gegenden! Niemals werde ich das Wasser des Luisi vergessen, welcher wie ein breiter Forellenbach lustig zwischen eisenführenden Felsblöcken dahertoste und dessen klares Wasser so frisch und kühl war, dass es, ins Glas geschöpft, dasselbe von aussen alsbald beschlagen machte; es war dies ein Trunk Wassers, wie ich ihn bis dahin in Afrika, selbst den besten Filtern zum Trotz, noch nicht genossen hatte.

Aber auch diese Naturschönheiten sind doch mehr sporadisch und der steinige Charakter des Landes kommt häufig genug zum Vorschein. Schon Kiaba gegenüber hat man Gelegenheit, sehr schöne Felsenpartien zu bewundern.

Seltsam aber sind die Felsen von N'Gulungu, eine Tagereise von San Salvador. Von Weitem glaubt man inmitten eines weiten Thales einen kleinen Wald hochstämmiger, dunkler Bäume sich erheben zu sehen, etwa wie sich eine Gruppe hoher und breitästiger Tannen am Horizont ausnimmt. Man denkt vergeblich darüber nach, was das wohl für Bäume sein könnten, bis man beim Näherkommen zu seinem Erstaunen bemerkt, dass diese vermeintlichen Bäume nichts weiter sind, wie höchst eigenthümliche Felsengruppen.

Mitten in einer Thalmulde erheben sich vom ebenen Boden diese Felsen von einer Höhe bis zu ca. 50 Metern und einer Front von ca. 100 Metern. Während die unteren Schichten eine gelbliche Färbung haben und durch den Einfluss des Wassers an ihren Kanten und Ecken abgerundet sind, sind die oberen Schichten durch die Einwirkung der Atmosphärilien schwarz gefärbt und stark zerfressen, und seltsame Zacken und Zinkengebilde starren uns entgegen. Diese Felsengruppen, es sind ihrer drei dicht beisammen, während eine vierte, die bei Weitem grösste, ca. eine Stunde hinter ihnen liegt, machen einen höchst romantischen Eindruck, um so mehr, als ihre Sockel von Busch und Wald umgeben sind. Das Dorf N'Gulungu liegt dicht am Fuss der östlichen Gruppe und gewährt, selbst in schattigem Grün verborgen, kaum dass hier und da ein Strohdach aus einer Lichtung hervorlugt, bei dieser Umgebung einen höchst malerischen Anblick.

Bekannt als grossartige Erscheinung sind die Felsen von Pungo a N'Dongo in der portugiesischen Provinz Angola; nach einer Photographie, die ich von dieser Felsengruppe gesehen habe, scheinen mir die Felsen von N'Gulungu sehr gut einen Vergleich mit denen von

Pungo a N'Dongo aushalten zu können und ihrer äusseren Erscheinung nach Geschwister zu sein. Eine andere Felsenbildung, nicht weniger auffallend, kommt noch einmal vor in dieser Gegend auf dem Wege von Tomboca nach Maselele, eine sogenannte Tafelbildung.

Man befindet sich in einer weiten Thalmulde, die wie besät erscheint mit ungeheuren Granitblöcken, ihrer oft 3, 4 aufeinander. Die tropischen Regen haben die zwischen den einzelnen Felsblöcken befindliche Erde allmählich weggewaschen, und dort, wo die Felsen mit ihrem vollen Gleichgewicht aufeinander ruhten, blieben sie auch ohne die schützende Erde stehen, während zahlreiche andere zusammengestürzt in Trümmergestein umherliegen.

Im Allgemeinen aber macht das Land in dieser Gegend einen fruchtbaren Eindruck und, wie schon oben bemerkt, dürfen die Ufer des Congo allein, wie sie der Reisende vom schnellen Dampfer aus sieht, nicht als das wahre Abbild desselben betrachtet werden; die unfruchtbaren Uferberge des Congo müssen erst Kilometer weit nach Norden und Süden überschritten werden, und bilden gleichsam hemmende Barrieren, ehe man zu fruchtbaren Landstrecken kommt. Schon das Lukangu-Thal, welches bei Vunda, einem Dorfe, 1½ Stunden von Nokki liegend, beginnt, überrascht durch den Reichthum seiner Vegetation und ausgedehnten Pflanzungen von Maniok, Bananen, Bohnen etc. Auf unserem Wege sind zuweilen Maniok-Wurzeln, die armlang und am oberen Ende zwei Fäuste dick sind, ein Beweis für das fruchtbare, röthliche Erdreich, dem sie entsprossen. Der Reichthum an Schafen, Ziegen, Hühnern etc. ist ebenfalls für die stark begangene Strasse erheblich, und die Märkte, deren ich mehrere passirte, waren in Fülle beschickt mit Landesprodukten aller Art.

Nachdem ich Ihnen auf Basis meiner eigenen Erfahrungen und Anschauungen den unteren Congo und das denselben umliegende Gebiet geschildert, gestatten Sie mir, Ihre Aufmerksamkeit auf die Bedeutung des Congo für die Erforschung der Hinterländer des deutschen Schutzgebietes Kamerun zu lenken. Diese Erforschung ist, wie bereits auf dem letzten Geopraphentage und unter Anderem auch von dem gewiss als kompetent anzusehenden Herrn Adolf Woermann betont worden, eine dringende Nothwendigkeit. Es handelt sich nur um die Art und Weise, in welcher dieselbe ausgeführt werden soll. Ich bin der Ansicht, dass ein Vorgehen von der Küste aus allerdings nicht zu den Unmöglichkeiten gehört, sich indess schon wegen der Schwierigkeiten bezüglich der Träger (eine Kalamität, welche sich bekanntlich in Afrika in den meisten Fällen geltend macht) nur schwer bewerkstelligen lässt. Dagegen hat der englische Missionar Grenfell durch seine Entdeckung, dass der Mobangi ein in den Congo einmündender Fluss ist, auf einen Weg hingewiesen, dessen Verfolgung ohne Frage günstigere Resultate bieten dürfte, als das von der Küste aus zu bewirkende Eindringen in die Hinterländer des Kamerungebietes. Der erstgenannte Weg Congo-Mobangi bietet eine so bedeutende Zahl von Vortheilen gegenüber dem Küstenwege, dass dieselben unmöglich übersehen werden können. Geld kostet es natürlich in jedem Falle, aber die Route Congo-Mobangi, zu deren Verfolgung natürlich die Gestellung eines zur Flussschifffahrt geeigneten Dampfers nöthig wird, ist deshalb so beachtenswerth, weil sie dem Vordringen keine derjenigen Schwierigkeiten bereitet, die in der Gestalt natürlicher Hindernisse, Feindseligkeit der eingeborenen Bevölkerung und anderer Hemmnisse einer von der Küste aus in die Hinterländer von Kamerun vordringenden Expedition begegnen würden. Und eine solche Expedition ins Feld zu senden, wird es nunmehr hoch an der Zeit, da die in der nächsten Nachbarschaft unseres deutschen Schutzgebietes Kamerun angesiedelten Franzosen mit aller Macht darüber aus sind, uns in dieser Beziehung den Rang abzulaufen.

Der Bismarck-Archipel und das Kaiser Wilhelms-Land.

Von J. Weisser. [1])

(Vortrag, gehalten in der Geographischen Gesellschaft zu Hamburg am 4. Febr. 1886.)

Der Aufforderung des Vorstandes nachkommend, beabsichtige ich Ihnen in Folgendem Einiges über die Resulsate meiner geographischen und ethnographischen Beobachtungen und Studien während zweier Reisen um die Welt mitzutheilen.

Im Besonderen habe ich heute den Archipel von Neubritannien und das Gebiet an der Nordostküste von Neu-Guinea [2]) gewählt, einestheils, weil es mir durch einen öfteren und längeren Aufenthalt am besten bekannt geworden, anderntheils, weil es in Folge der erst vor Kurzem erfolgten Unterstellung unter den Schutz des Deutschen Reiches das besondere Interesse der verehrten Anwesenden in Anspruch nehmen dürfte.

Das in Betracht kommende Inselgebiet gehört, wie bekannt, noch zu den unbekanntesten Theilen unserer Erdoberfläche, wenn wir uns auf insulare Gebiete beziehen. [3]) Noch bis zum Jahre 1872 waren wenig mehr als zwei oder drei Punkte bekannt, die gelegentlich einmal von Walfahrern besucht zu werden pflegten. Erst 1872 begann ein neuer Abschnitt, indem die englische Korvette »Blanche« die prächtige weite Blanche-Bucht entdeckte und mit ihrem Namen belegte. 1873 begegnen wir den ersten Versuchen des um die Geographie und Ethnographie der Südsee-Inseln so hochverdienten Hauses Godeffroy, auf Matupi in der Blanche Bucht und an der Nordküste von Neubritannien Handelsstationen anzulegen, die aber wenige Wochen nach ihrer Begründung und nachdem das schützende Schiff die Küste verlassen, von den Eingeborenen wieder von Grund aus zerstört worden sind. Nur mit Mühe vermochten die Agenten sich nach der Duke of York Insel zu retten, wo sie bei dem den Weissen aus Politik freundlichen Häuptling »King Johnny« Aufnahme fanden.

---

[1]) Als Direktor des Bismarck-Archipels im September 1887 gestorben.

[2]) Vergleiche: Friederichsen, Karte des Westlichen Theiles der Südsee. Mittheilungen der Geogr. Gesellschaft in Hamburg. 1884.

[3]) Vergleiche: Friederichsen, Bemerkungen zu der Karte der Duke of York-Inselgruppe, Mittheilungen 1876—77 pg. 340.

Das Jahr 1875 führte die deutsche Korvette »Gazelle« auf ihrer wissenschaftlichen Reise um die Welt auch nach diesem Archipel, welche in kurzer Zeit eine Reihe interessanter Vermessungen an den noch völlig unbekannten Theilen der Westküste Neu-Hannovers und Neu-Irlands, sowie an der Nordküste Neu-Britanniens ausführte. Von dieser Zeit ab wurde auffallender Weise gerade dieser Archipel der Ausgangspunkt zahlreicher deutscher Handelsunternehmungen; 1876 erfolgte die Gründung der Handelsstationen in Matupi, Makada und Mioko und der Missionsstation in Port Hunter, etwas später schon der Stationen auf Neu-Irland, den Anachoreten- und Hermit-Inseln.

Die Niederbrennung von der Firma Robertson & Hernsheim gehörigen Stationsgebäuden auf der Insel Makada in der Duke of York-Gruppe führte das deutsche Kriegsschiff »Ariadne« unter dem Kommando des Kapitäns v. Werner 1878 nach dem Archipel, um hier zum ersten Male die deutschen Interessen in Schutz zu nehmen. Nach Erledigung dieser Angelegenheit und einer anderen schwebenden auf dem gegenüberliegenden Neu-Britannien, wobei das Landungskorps ausgeschifft werden musste, erfolgte noch der Ankauf der beiden Häfen Mioko und Makada in der Duke of York-Gruppe für das Reich, gleichsam um für die deutschen Interessen einen festen Boden zu schaffen, auf dem mit Sicherheit weiter gebaut werden konnte. Von 1879 ab, mit der Erkenntniss der Wichtigkeit dieses Inselgebiets für den deutschen Handel, hat die Reichsregierung beinahe dauernd daselbst deutsche Kriegsschiffe stationiren lassen, welche sich nicht allein um die Sicherheit der Handelsunternehmungen im Archipel, sondern auch um die Förderung der Kenntniss seiner Küsten durch Vermessungen etc. nicht unerhebliche Verdienste erworben haben.

Auch deutsche Forscher wie Hübner und Kleinschmidt haben bereits im Dienste der Wissenschaft in jenen Gegenden ihr Leben lassen müssen, nicht zu vergessen mancher alten Südseepioniere wie der Kapitäne Levinson, Blohm und anderer.

Wenn nach allem diesen im Jahre 1884 die Reichsregierung die Initiative ergriff und diese Gebiete unter den Schutz des Reiches stellen liess, so hatte sie mehr wie jede andere Nation ein Recht dazu, ich möchte sagen ein durch die Anstrengungen unserer Nationalangehörigen, durch die Begründung unseres dortigen Handels, durch den seither geübten Sicherheitsdienst unserer Kriegsschiffe, wohlbegründetes historisches Recht. Der Archipel ist, wie kein anderer der Welt, ein deutscher und durch deutschen Unternehmungsgeist erschlossener. Dass dies auch vollkommen die ungetheilte Ansicht der Reichsregierung war, geht aus der Abfertigung der Englischen Regierung hervor, wie sie ihr Fürst Bismarck in seiner Note an Lord Granville vom Januar 1885 auf deren Reklamation wegen Uebernahme des deutschen Protektorates über den Archipel zu Theil werden liess, indem er sagte: »Was die Inseln im Neubritannischen Archipel betrifft, so war es niemals seitens der Kaiserlichen Regierung beabsichtigt, die Inbesitznahme dieser Inseln zum Gegenstand einer Verhandlung zu machen.«

Uns aber auf den deutschen Kriegsschiffen, die wir jahrelang persönlich die Entwicklung der Verhältnisse überwacht, war es keine geringe Genugthuung, zum Schluss auch noch die deutsche Flagge auf diesem Felde deutscher Arbeit und deutschen Unternehmungsgeistes aufhissen zu dürfen.

Nachdem ich dieses Allgemeine vorausgeschickt, werde ich versuchen, zuerst meine Reisen im Archipel kurz zu skizziren, und dann detaillirter auf die Geographie und Ethnographie des Archipels eingehen.

Ich kam zum ersten Male mit Sr. Majestät Korvette »Ariadne« im Dezember 1878, von Samoa aus, nach dem Archipel und zwar in Veranlassung der Niederbrennung von Stationsgebäuden der Firma Hernsheim auf Makada. Hierbei, den St. Georgs-Kanal hinauffahrend, wurde die Duke of York-Gruppe besucht und in den prächtigen Korallenhafen Mioko eingelaufen. Von hier wurde die Innenpassage nach Makada genommen und von dort nach der Blanche-Bucht gedampft, wo wir sowohl bei Ruluana wie bei Matupi zu Anker gingen. Von Matupi aus besuchten wir, der mit vielen landschaftlichen Schönheiten ausgestatteten Nordküste Neubritanniens entlang fahrend, den Weber-Hafen im äussersten Westen. Nach Rückkehr nach Makada erfolgte eine Umfahrt der ganzen York-Gruppe unter abermaligem Anlaufen von Mioko und dann Rückkehr nach Samoa via Salomons-Inseln.

Auf meiner zweiten mit Sr. Majestät Kanonenboot »Hyaene« 1882 im April begonnenen und am 15. Dezember letzten Jahres beendeten Reise um die Welt, führte uns zunächst im November 1882 die Angelegenheit der Ermordung eines Handelsagenten auf den Hermit-Inseln nach dem Archipel, wobei wir zunächst die Küsten Neubritanniens, Neu-Irlands, die Admiralitäts-, Hermit- und Anachoreten-Inseln besuchten. Nach Bestrafung der Eingeborenen der Hermit-Inseln in der Zeit vom 24. Dezember 1882 bis 6. Januar 1883, wobei alle Dörfer, Boote, Plantagen und alles Eigenthum der Eingeborenen von Grund aus zerstört und mehrere Eingeborene bei den Landungen erschossen wurden, nach Matupi auf Neubritannien zurückgekehrt, erhielten wir den interessanten Auftrag, die Blanche-Bucht, ferner die zwischen Neu-Irland und Neu-Hannover durchziehende Byron- und Steffenstrasse näher zu untersuchen und deren Fahrbarkeit besser festzustellen. Das

Zusammentreffen mit einer neuen eigenartigen Bevölkerung mit neuen Sitten und Gebräuchen, bisher unberührt von Europäern, bereitete uns besonderes Vergnügen. Nach Beendigung dieser Aufgabe, führte uns unsere Route nach den nicht einmal in seinen Umrissen bekannten Vischer-Inseln, dann nach Gerrit Denys, St. Antonio, St. Francisco und St. Bruno im Nordosten Neu-Irlands und zum Schluss, behufs Feststellung der Einfahrt in den St. Georgs-Kanal, nach der im Südosten gelegenen Sir Charles Hardy-Gruppe, welche sämmtlich genau vermessen wurden. Nach der Duke of York-Gruppe zurückgekehrt, erfolgte hier die Aufnahme der ganzen Gruppe und Vermessung der Häfen von Mioko und Makada.

Der Herbst 1883 führte uns, von Samoa kommend, über die Ellice-, Gilbert-, Marshall-Inseln und Pleasant-Insel abermals nach dem Archipel, in dem wir uns diesmal von Anfang Dezember 1883 bis Mitte März 1884 permanent aufhielten. Hierbei wurden wieder die Küsten der Hauptinseln abgelaufen und an vielen Orten längere Zeit verweilt. Hervorzuheben sind der wiederholte Besuch der Hermit- und Anachoreten-Inseln, sowie zwei nothwendig gewordene militärische Aktionen gegen Stämme im Nordosten Neu-Irlands und an der Südküste derselben Insel. Im ersteren Falle, war die Station Nusa von den umwohnenden Stämmen am Neujahrstage 1884 überfallen, ausgeraubt, angezündet und von Grund aus zerstört worden. Die beiden Agenten hatten sich nur mit Mühe unter dem Schutze der eingebrochenen Dunkelheit im Boot nach der ca. 20 Seemeilen südöstlicher gelegenen Station Kapso flüchten können. Etwa einen Monat nach dieser That, dampften wir von Kap Jeschke kommend in den Nusa-Hafen, um uns von dem Stand der Dinge in dieser Gegend zu überzeugen und fanden, wie schon erwähnt, an Stelle der Station nur verkohlte Ueberreste. Die Hütten der Eingeborenen, am Strande von Nusa sowohl, als auch des gegenüberliegenden Festlandes von Neu-Irland, zeigten sich bedeckt mit den Resten der Zinkdächer der Station, während eine grosse Anzahl Eingeborener mit Hab und Gut in den Kanoes von Nusa nach dem Festland flüchteten. Bei der sofort veranstalteten Landung des Landungskorps wurde dieses aus dem dichten Ufergebüsch mit Gewehrschüssen, wahrscheinlich aus geraubten Gewehren der Station, empfangen und zog sich nach Abgabe von Salvenfeuern, da es schon Abend wurde und ein Eindringen in den Urwald nicht mehr räthlich schien, an Bord zurück. Jetzt erfolgte von Bord aus ein Bombardement beider Küstenstrecken mit allen Schiffsgeschützen, worauf wir am selben Abend nach Kapso weitergingen um dort womöglich Genaueres über die Angelegenheit in

Erfahrung zu bringen. Wir fanden dort die beiden geflüchteten Agenten vor, und es wurde, da wir nach den Erkundigungen es mit 3—4000 Wilden zu thun hatten und unser Landungskorps nur 40 Mann stark war, in Kapso selbst aus dem dortigen Stamme ein Hülfskorps von über 30 Mann engagirt, welches als Pfadfinder bei den Streifereien in den Urwäldern dienen sollte. Ich darf versichern, dass gleich interessante und ergötzliche Scenen, wie wir sie während der 8 tägigen Einschiffung mit diesem nackten, wilden Kannibalenkorps an Bord erlebt, wohl selten mehr von einem Europäer erlebt werden. Alles an Bord war denselben neu und während der ganzen Zeit konnte man jeden Augenblick die verschiedensten Schreie des Entsetzens oder der Ueberraschung beim Anblick neuer unbekannter Gegenstände hören. Es war eigentlich zu verwundern, dass sie sofort zu uns Zutrauen fassten und sich bereit erklärten die Expedition mitzumachen. Ein Hauptfaktor hierbei mag der Wunsch und die Aussicht gewesen sein, bei dem bevorstehenden Streifzug recht viel Menschenfleisch zu erhalten, wenigstens schienen sie dies, indem sie mit lüsternen Blicken auf ihre Wau- (Menschenfleisch-) Beile zeigten, andeuten zu wollen. Es war eine vortreffliche Gelegenheit zu Beobachtungen und Studien. Besonders interessant waren die Tänze, die es mir gelang am Abend auf Deck zu arrangiren; es wurden sowohl die schönen Maskentänze, als auch die unvergleichlich wilden Menschenfressertänze aufgeführt, letztere unter ohrenbetäubenden Geheul, verbunden mit Fechtübungen der blanken Beile, die unser allgemeines Erstaunen erregten. Man konnte den Naturwilden hier so richtig beobachten wie er leibt und lebt. Besondere Aufmerksamkeit verdiente das gegenseitige Frisiren am Morgen, welches sich auf alle Kopf-, Bart- und andere Haare am Körper erstreckte. Hier sah man Wilde mit halbgeschorenem, dort mit ganz glattgeschorenem Kopf, wieder andere hatten nur einen Büschel à la Indianer, andere eine den ganzen Kopf mit Ausnahme eines schmalen Randes einnehmende Tonsur, wieder andere einen Haarbusch wie ein bayrischer Raupenhelm und so fort. Auch die Mienen zu beobachten war interessant, namentlich wenn es sich um eine neue Frisur handelte, was zwischen 5 und 6$^{h.}$ mit der ernstesten Miene unter grossen Debatten verhandelt wurde. Auch an komischen Intermezzos fehlte es nicht, besonders wenn einer der Wilden mit in eine Kammer genommen und ihm dort unter grunzenden Freudenbezeugungen seinerseits, das ganze Gesicht grün angemalt wurde. Erschien derselbe dann wieder an Deck unter seinen Kameraden, so wollte das Erstaunen, Befühlen und Bewundern kein Ende nehmen. Noch mehr war dies der Fall, als wir einem einmal sogar das ganze Gesicht mit Goldbronze bronzirt hatten. Ich kann versichern, dass man bei solchen Gelegenheiten, wenn man überhaupt vor Lachen sich zu halten im Stande ist, die besten Beobachtungen in Bezug auf Mimik und Gesichtsausdrücke der Wilden machen kann.

Wir kamen also mit verstärkter Macht nach Nusa zurück, wo schon nach einigen Tagen in Folge der Landungen der Stamm unterworfen und die Angelegenheit erledigt war. Die Feinde hatten sich wirklich tapfer gezeigt; sie hatten unser Landungs-Korps mit einem Hagel von Speeren überschüttet, wobei glücklicherweise nur der Schiffsarzt verwundet wurde, und dann, gedrängt von den umwohnenden Stämmen, welche sich die Gelegenheit nicht vorübergehen lassen wollten, so viele Menschenbraten während dieser Zeit zu holen, wie nur möglich war, um Frieden gebeten. Als Zeichen der Unterwerfung liess der Stamm ein Bündel von 7 zusammengebundenen Kriegsspeeren, umwickelt und verziert mit ihrem kostbaren, rothen Perlengeld überreichen, was angenommen wurde.

Unsere wilden Bundesgenossen aber hatten sich nicht bewährt. Bei dem ersten Schuss waren sie hinter die Front gelaufen und besorgten dann nur das Geschäft des Raubens und Stehlens in den eingenommenen Dörfern. So mit bedeutendem Kriegsmaterial an Kanoes und Waffen beladen, wurden sie wieder in ihre Heimath gebracht und haben sie sich anscheinend über das gänzliche Ausfallen des Menschenbratens durch diese reichen Erfolge getröstet. Nichtsdestoweniger rühmten sie sich ihren zurückgebliebenen Stammesgenossen gegenüber, wie tapfer sie gefochten und dass sie alle Eigenthümer der vielen erbeuteten Waffen und Kanoes selbst getödtet hätten. Der Feldzug wird wohl allen Angehörigen des Stammes unvergessen bleiben, wie der Stamm selbst dadurch in den Augen seiner Nachbarn bedeutend im Ansehen gestiegen ist.

Im zweiten Falle handelte es sich um die Bestrafung des nahe bei Kap St. Georg im Süden Neu-Irlands wohnenden Metlik-Stammes in der Liki-Liki-Bucht. Dieser Stamm hatte den in Stille durch die Strömung in jene Bucht getriebenen deutschen Schooner »Mioko« überfallen, seine Besatzung von fünf Europäern ermordet, das Schiff ausgeraubt und dann verbrannt.

Da wir es hier mit einem verschlagenen, bereits vielfach mit Europäern in Verbindung gestandenen Stamm zu thun hatten, so war erhöhte Vorsicht geboten. Wir liefen am Nachmittage den St. Georgs-Kanal hinab und landeten in der Dunkelheit Morgens gegen 3 Uhr, um das auf der Metlik-Halbinsel befindliche Hauptdorf zu umzingeln. Es gelang dies nicht vollständig, da die Eingeborenen Wache gehalten und schon bei Annäherung der Boote auf diese gefeuert hatten. So beschränkte sich die Landung auf die vollständige Zerstörung des Dorfes, der Boote und Plantagen. Mehrere Landungen an den folgenden Tagen hatten nur den Erfolg, dass ein Wilder erschossen wurde; alle übrigen hatten sich spurlos durch die Urwälder in das Innere der überaus gebirgigen Insel zurückgezogen. — Später, im Herbst 1884 wurde ein erneuter Landungs-Versuch gemacht und wurden die Eingeborenen aus neu angelegten Wohnplätzen im Gower Hafen abermals vertrieben und diese zerstört.

Die nächste Tour führte uns, abermals von Samoa kommend, im Juni 1884 nach dem Archipel, gelegentlich welcher wir bis Mitte August kleinere Rundreisen machten und unter anderem auch die bisher noch ganz unbekannten Distrikte von Neu-Irland, gegenüber Duke of York-Insel und unterhalb der Rosselberge, besuchten. Es war mir dies speziell sehr interessant, weil ich hier die Grenze der neubritannischen Bevölkerung nach dem Norden Neu-Irlands zu konstatiren, sowie auch wichtige Notizen über Vorkommen, Verbreitung und Kultus der Kreidegötter sammeln konnte.

Die letzte und längste Tour, von Oktober 1884 bis April 1886 dauernd, führte uns gleichsam im Fluge noch einmal durch den ganzen Archipel und dann hinüber nach der noch wenig bekannten Nordostküste Neu-Guineas, diesmal um überall die Kaiserliche Flagge zu hissen und die Gebiete unter den Schutz des Reiches zu stellen. Erst im Mai 1885 nach Australien zurückkommend, erhielten wir später Befehl, statt nach dem Archipel zurück nach Sansibar zu gehen, um uns dort an der bekannten Demonstration des deutschen Geschwaders zu betheiligen. Auch nach Erledigung dieser Angelegenheit, welche bekanntlich durch den Vertrags-Abschluss zu einem befriedigenden Ende gebracht wurde, erhielten wir endlich Ordre zur Heimreise und traten diese am 10. November 1885 mit dem Tender »Adler« an, um schon Mitte Dezember nach einer Abwesenheit von 3¾ Jahren in die Heimath zurückzukehren.

Ich komme nun zu den geographischen Beobachtungen, welche ich während dieser Reisen zu machen Gelegenheit hatte.

Wenn man vom Süden kommend, den St. Georgs-Kanal erreicht, so erblickt man zur Rechten das gerade in seinem südlichen Theile so gebirgige Neu-Irland, dessen einzelne Kuppen und Züge im tiefsten Blau vom tropischen Himmel abstechen und sich nach Norden ziehen, zur Linken in weiterer Ferne die Berge bei Kap Orford auf Neu-Britannien; dann folgt die tiefe Senkung, welche das Land im Innern der Weiten Bai aufweist, um nach Nordosten zu abermals sich zu einem breiten Bergrücken zu erheben, der etwa in der Höhe von

Kap Gazelle im Norden rasch abfällt und sich verliert. Nördlicher kommend, taucht schon auf 50 Seemeilen Entfernung die Spitze des Berges Varzin, noch östlicher die Spitze des Vulkans »Mutter« aus der See, während von allem übrigen Land noch nichts zu sehen ist. Bald öffnet sich dann bei Kap Palliser das weite schöne ca. 35 Seemeilen lange und erst im Norden bei Port Weber endende Thal, das, im Westen durch die Beining-Bergkette begrenzt, nach Osten zu in welligen Hügellandschaften sich nach Kap Gazelle, der Blanche Bucht mit seinen mehr steilen Abfällen und den Distrikten Ratavul, Kabakadai und Kabeira, im Norden zur See hinzieht. Der 500 Meter hohe Berg Varzin (Beautemps Beaupré) liegt mehr nach der Küste zu, als auf den Karten verzeichnet ist, und vermittelt den Uebergang in den reichen, landschaftlich so schönen Ginegunan-Distrikt. Ganz im Nordosten, auf der Kraterhalbinsel allein, liegen die drei so charakteristischen Vulkane »Mutter« mit den beiden »Töchtern«. Der 635 Meter hohe, alte Vulkan die »Mutter«, welcher sich in langen, prächtigen Linien direkt aus der See erhebt, ist von mir zuerst und zwar im Februar 1883 bestiegen worden, einestheils um die Konfiguration des Bodens auf der Gazelle-Halbinsel und der umliegenden Gebiete von einem so hohen Standpunkt aus kennen zu lernen, anderentheils um auch den sagenhaften, unergründlichen See zu sehen, welcher den Angaben dortiger Europäer nach den inneren Krater der »Mutter« einnehmen sollte. Sagt ja auch Powell in seinem Buch [1]), dass er oben gewesen und mit 250 Faden Leine keinen Grund gefunden, eine Angabe, die sich später als unwahr erwiesen und als Beweis dafür dienen darf, dass keiner vor mir oben war. Der mühevolle, beschwerliche Aufstieg wurde überreich durch die prächtige Aussicht belohnt. Gegen Westen lag das ganze von See sanft aufsteigende Land der Gazelle-Halbinsel mit seinen zahlreichen kleinen Hügeln, gekrönt mit Reihen schlanker Kokospalmen und immergrünen Bäumen, zwischen denen das lebhafte Hellgrün einzelner Grasflächen hervorstach, vor mir. Gegen Norden verlor sich die grasige Hochebene in einzelne liebliche Thäler, die im Kabakadai-Distrikt an die See stossen. Die ganze Nordküste bis nach Kap Lambert im Westen mit ihren zahlreichen Einbuchtungen und vorgelagerten Korallenriffen, die Insel Man mit dem reich bebauten Hochthal, einem einzigen Pflanzgarten ähnlich, endlich der mit den prächtigsten Palmenhainen gekrönte Nauman-Berg nebst seinen grünen Abhängen zeigten ein Bild von hoher landschaftlicher Schönheit. Nach Osten zu lag der durch die hohen Berge

[1]) Powell: Unter den Kannibalen von Neu-Britannien, deutsch von Dr. Schröter. 1884.

Neu-Irlands, die sich in blauer Ferne im Süden verlieren, scharf abgegrenzte St. Georgs-Kanal vor mir.

Die Duke of York-Gruppe endlich mit ihren 13 grösseren und kleineren Inseln und ihren Häfen Mioko und Makada, war mit einem Miniaturbild zu vergleichen. Es war mir interessant, hier beobachten zu können, dass im Innern der Insel Duke of York, auch Amakata genannt, bedeutende Rauchmassen aufstiegen, welche, von Feuern der Wilden herrührend, bestätigten, dass im Innern jener Insel ein besonderer Stamm wohne, dessen Existenz von vielen Europäern dort bestritten und bezweifelt war. Die Blanche-Bucht selbst mit ihren steilen Rändern, der Insel Matupi, dem heissen Schwefelfluss, dem noch rauchenden neuen und verschiedenen alten Kratern, ebenso die interessanten Bienenkorbfelsen boten einen nicht minder schönen Anblick.

Neu-Irland ist in seinem ganzen südlichen Theil bis zu den Rossel-Bergen hinauf gebirgig. Von da ab werden die Bergzüge nach und nach niedriger, bis sie in der Nähe von Kurass in eine kleine Ebene verlaufen, die von einer Seite der Insel zur anderen zieht. Von der Küste von Neubritannien aus gesehen, scheint die Insel hier in zwei Theile getheilt zu sein, da auf die weite Entfernung das ebene Land ganz verschwindet und nur die hohen Rücken zu beiden Seiten der Ebene bleiben. Von Kurass aus beginnt nach Norden zu abermals eine kleinere Erhebung, die sich in der Nähe vom Kap Givry wieder senkt und eine zweite Ebene bildet. Bei Kap Givry fängt die Schleinitzbergkette an zu steigen und zieht sich so ziemlich in gleicher Höhe haltend, nördlich bis Angriffs-Insel hin, dort sich allmählich in die ebene Nordspitze Neu-Irlands verlierend. Ganz im nördlichsten Theil findet sich noch der Dieters-Berg mit zwei geringeren Erhebungen zu beiden Seiten. Der ganze nördliche Theil Neu-Irlands ist sonach ziemlich flach, mit weiten grasigen Ebenen im Innern, die sich bis hinter Kapso hinab ziehen.

Zwischen Neu-Irland und Neu-Hannover befinden sich zahlreiche Korallen-Inseln, die in die Inseln der Byron- und Steffen-Strasse zerfallen. Alle, mit Ausnahme der Mausoleum-Insel, sind niedrig und dicht mit dunkelbelaubten Bäumen, der Strand mit Kokospalmen bewachsen.

Neu-Hannover, unmittelbar nordwestlicher gelegen, ist ebenso wie Neu-Irland in Bezug auf seine Boden-Konfiguration auf den Karten unrichtig gezeichnet. Nach der Karte sollte man vermuthen, dass die Insel von einem Gebirge durchzogen ist, das auf allen Seiten nahezu steil zur See fällt und im Innern entweder zahlreiche höhere Berge oder ein Hochplateau aufweist. Dies ist jedoch in keiner Weise der Fall. In Wirklichkeit zieht sich der Gebirgszug, von Nordhafen ansteigend, ziemlich dicht an der Westküste entlang und endigt etwas hinter Kap Klatt. Die ganze Nordostseite aber bildet eine weite, von der See in langen Linien bis zum Kamm der Kette an der Westküste hinziehende Ebene, die an die Landschaften im Mulifanua-Distrikt auf Samoa erinnert. Alles ist tief bewaldet, die Westküste mit kleinen Querthälern und zahlreichen mit hellgrünem Gras bewachsenen Hügeln.

Die im Nordosten von Neu-Irland liegenden Inseln der Vischer- und Gerrit-Denys-Gruppe, welche von uns zuerst näher untersucht und vermessen sind, sind alle hoch mit theils steil abfallenden, am Strande reich mit Kokospalmen bewachsenen Küsten.

Die Admiralitäts-Inseln, etwas weiter im Norden, gehören mit zu den noch unbekanntesten des ganzen Archipels. Wir haben gelegentlich des Anlaufens der Ostküste zwei neue Häfen entdeckt und noch konstatirt, dass die auf älteren Karten eingezeichnete lange Landzunge im Nordosten nicht existirt. Die Haupsinsel ist hoch und vulkanischer Natur, was das Vorkommen bedeutender Massen von Obsidian bezeugt, welche die Eingeborenen zu ihren Waffen verwenden.

Die Anachoreten- und Commerson-Inseln sind Koralleninseln, erstere mit einer Lagune im Innern, im Uebrigen dicht im Kokospalmen bewachsen.

Die Hermit-Inseln haben wieder einen etwas anderen Charakter, indem die innere Gruppe mit der Hauptinsel Luf hoch und nur die Aussen-Inseln niedrige Korallen-Inseln sind.

Die Echiquier- oder Schachbrett-Inseln, etwa funfzig an der Zahl, sind alle niedrige Korallen-Inseln, mit dichtem Gebüsch und wenig Kokospalmen.

Meine ethnographischen Beobachtungen, auf welche ich jetzt komme, könnten natürlich viel reichlicher sein, dennoch komme ich, nachdem ich durch den wiederholten Besuch von nahezu allen Küstenstrecken einen allgemeinen Ueberblick gewonnen, bezüglich der Bevölkerung zu dem Resultat, dass der Archipel im Ganzen von vier bemerkbar zu unterscheidenden Menschenstämmen bewohnt wird.

Es sind dies:

1) Die dunkelste Bevölkerung (echte Melanesier), durchschnittlich noch etwas dunkler als kupferbraun bis schwärzlich auf Neubritannien, welche hauptsächlich auf der Gazelle-Halbinsel wohnt, von dort die Duke of York-Inseln, das ganze südliche Neu-Irland von Kap Givry ab bevölkert hat und von da über die Salomon-Inseln und Neu-Hebriden weiter gewandert ist. Es waren dies meiner Ansicht nach die

am weitesten nach Norden gekommenen Stämme des australischen Festlandes, deren Reste wir heute noch an einigen Stellen der Südost-Küste Neu-Guinea's, besonders aber auf den äussersten Louisiaden, wie Rossel- und Woodlark-Inseln finden.

2) Die hellste, im Aeusseren dem Polynesier am ähnlichsten sehende Bevölkerung, mit heute noch deutlich erkennbaren Anklängen an polynesische Sprache und polynesisches Wesen im südwestlichen Neubritannien. Diese Völkerstämme haben sich bei ihrer Auswanderung aus dem Gebiet des heutigen indischen Archipels auch nach der Südküste Neu-Guinea's abgezweigt, während der Hauptzug im Norden Neu-Guinea's entlang zog und über Mikronesien und die östlichen Küsten der Salomonen und Neuen Hebriden nach ihren heutigen Stammsitzen kam.

Bei ihrer Wanderung nach Osten stiessen dieselben im Süden Neu-Guinea's, gegenüber der Torresstrasse, mit den übergewanderten Australiern schwarzer Rasse zusammen, hemmten die weitere Auswanderung aus Australien, drängten die bereits dort Befindlichen bis zur Gazelle-Halbinsel und den äussersten Louisiaden vorwärts, vermischten sich mit den Resten schwarzer Bevölkerung, änderten dadurch in etwas Farbe und Sprache und sind im heutigen Südosten Neu-Guinea's, den Louisiaden und der Südküste Neu-Britanniens bis Spacious-Bay, als äusserster Osten, sitzen geblieben.

3) Die mehr kastanienbraune Bevölkerung, welche an der Ostküste Neu-Guinea's bis Kap King William, den Echiquier- und Admiralitäts-Inseln, stellenweise noch am westlichen Theil der Nordküste Neubritanniens, in der Hauptmasse aber auf Neu-Hannover, den Inseln der Byron- und Steffen-Strasse und auf Neu-Irland bis Kap Givry im Süden angetroffen wird. Diese Bevölkerung ist doppelt gemischt, und zwar waren die Urstämme die übergewanderten Australier, welche von den über die Nordküste Neu-Guinea's kommenden Polynesiern zurückgedrängt, sich mit diesen in grösserem Maassstabe vermischten wie im Süden und so die heutige specifisch grösste Bevölkerung Neu-Irlands und ausschliesslich die Bevölkerung Neu-Hannovers bildeten. Auf den Admiralitäts- und Echiquier-Inseln machen sich öfter schon mikronesische Einflüsse geltend. Am unvermischtesten sind diese Polynesier heute noch an der Nordostküste Neu-Guinea's, besonders in der Astrolabe-Bai, geblieben.

4) Die hellste Bevölkerung, welche so hell wie die Karolinier und nahezu reine Mikronesier sind, auf den Hermit- und besonders auf den Anachoreten-Inseln. Ein-

flüsse von Vermischungen lassen sich sowohl an einigen Stellen der Nordostküste Neu-Guinea's, wie auf den Echiquier- und Admiralitäts-Inseln nachweisen. Hauptmerkmale sind die etwas an chinesischen Typus erinnernden wenig geschlitzten Augen, lange Gesichter mit hervorstehenden Backenknochen und die spezifisch mikronesische Sprache. Sie sind bei ihren Wanderungen jedenfalls über die Palau-Inseln und Karolinen bis an die Nordostküste Neu-Guinea's und die genannten Inselgruppen herunter gekommen, fanden hier die vorerwähnte dunklere Bevölkerung und mussten in diesen Sitzen bleiben.

Wir haben hiernach also im Archipel vier wesentlich von einander verschiedene Menschenstämme, von denen aber nur zwei von Bedeutung sind. Es ist dies der zuerst genannte, bisher als Neubritannier bekannte dunkelste Mensch, dann folgt, etwa in gleichem Verhältniss, der hellere in Neu-Irland und Neu-Hannover wohnende, am besten mit dem Namen Neu-Irländer zu bezeichnende Eingeborene. Bei den beiden anderen Stämmen bietet ein Vergleich schon andere Resultate. Während z. B. der hellste, auf den Anachoreten- und Hermit-Inseln etc. lebende mikronesische Stamm nicht einmal mehr 500 Köpfe aufweisen wird, ist die Zahl der mehr dem Polynesier ähnlichen Papuas an der Südküste Neu-Britanniens nicht einmal in etwas annähernd zu schätzen. Man findet den Stamm schon vereinzelt in der Spacious-Bay, hat aber über die Bevölkerungsdichtigkeit der Südküste Neu-Britanniens gar keine Kenntniss, da sie noch wenig besucht ist. Im Allgemeinen wird im Archipel aber angenommen, dass der ganze westliche Theil von Neu-Britannien von Kap Orford ab nur spärlich bevölkert ist.

Nach meiner Ansicht, die sich auf verschiedene Wahrnehmungen der bekannteren Küsten stützt, beträgt die ganze Bevölkerung des Archipels ca. 200—250000 Köpfe, wovon auf die Neu-Britannier und Neu-Irländer, wie ich die einzelnen Stämme vorhin bezeichnete, etwa je etwas mehr als 100000 kommen würden.

Ich bin mir bewusst, dass ich mit diesen allgemeinen Grundzügen bezüglich der Einwanderung der verschiedenen Rassen in den Archipel vielleicht manchem Widerspruche begegnen werde, da ich, soviel mir bekannt, diese Grundzüge hiermit zuerst entwickle; ich möchte aber anführen, dass ich diese Anschauung auf Grund längerer Vorstudien und in jahrelangem stetigen Verkehr mit den Bewohnern jener Inseln gewonnen habe. Wenn man so Gelegenheit hat, von Insel zu Insel zu fahren, kann man viel leichter vergleichen; auch bieten sich viele andere Merkmale, die wichtige Bindeglieder werden, und schliesslich findet man, dass durch die ganze Sache ein Etwas wie ein rother Faden zieht, der selten trügt. Ausserdem werde ich mich bei Publikation meiner Beobachtungen und Studien auf viele wichtige Merkmale stützen können, die sich auf Traditionen, Sprache, Sitten, Gebräuche und Geräthschaften beziehen, welche hier anzuführen die Kürze der Zeit nicht gestatten würde.

Was den Charakter der Bevölkerung betrifft, so muss ich anführen, dass derselbe nach dem, was ich, als in Deutschland in der letzten Zeit theils publizirt, theils öffentlich vorgetragen, gelesen, mir doch ein wenig zu sehr entstellt zu sein scheint. Dass die Bewohner Kannibalen d. h. Menschenfresser sind, ist Thatsache, und dieses wie die mehrfach vorgekommenen Ermordungen von Europäern, welche das Einschreiten der Kriegsschiffe zu Folge hatten, mögen viel dazu beigetragen haben, die Ansicht von ihren schlechten Charaktereigenschaften zu befestigen. Wer die Sache aber näher kennt und speziell die Ursachen zu untersuchen sich die Mühe gegeben hat, welche jenen Ermordungen zu Grunde liegen, dem erscheint die Sache in einem ganz anderen Lichte und man kommt in die Lage, sich nicht verhehlen zu können, dass die Europäer selbst in den meisten Fällen die Schuldigen waren, welche mit roher Hand in die Institutionen und Rechtsverhältnisse eingegriffen und dies so lange getrieben, bis auch dem allerfriedlichsten Wilden die Geduld gerissen und er seiner Peiniger sich zu entledigen versucht hat. In vielen Fällen mussten allerdings Unschuldige, die später kamen, für Greuel anderer Europäer, die vorher da gewesen, büssen, aber auch dies basirt ganz auf den Rechtsanschauungen der Eingeborenen. Nach den Ideen der Eingeborenen giebt es eben nur einen Stamm weisser Leute und diese wohnen alle auf einem Platz zusammen, sind ein Stamm oder eine Volksgemeinschaft wie etwa sie selbst, kennen also einander alle persönlich und können daher für einander zur Rechenschaft gezogen werden. Dass es Deutsche, Engländer, Franzosen und noch viele andere Nationen giebt, ist den Eingeboren begreiflich zu machen jetzt noch unmöglich; es musste daher in allen Fällen, in welchen irgend ein Subjekt schweres Unrecht gegen sie begangen, der erste Kommende für ihn büssen, ebenso wie ein Todtschlag durch den Angehörigen eines Stammes an dem eigenen Stamm nur mit einem Todtschlag eines beliebigen anderen des betreffenden Stammes gesühnt werden kann.

Der Kannibalismus, wenn auch in keiner Weise zu beschönigen, erscheint dem mit den Verhältnissen etwas näher bekannten doch bei weitem harmloser, als er in der letzten Zeit öffentlich geschildert worden ist. Wenn jene Herren, wie z. B. Powell, von schauderhaften Marterscenen erzählen oder sogar auftischen, dass ein junger Ehemann seine eigene Frau, weil sie zu nichts Anderem taugte, zu verspeisen gedroht, so ist dies eine grosse Unwahrheit. (Herr Powell ist übrigens für seine vielen Unwahrheiten in seinem Buche bereits von der englischen Regierung desavouirt worden). Ich habe es mir seit Jahren ganz besonders angelegen sein lassen, den Kannibalismus zu studiren und bin zu der Ansicht gekommen, dass nur der Feind des Stammes dem Schicksal des Gefressenwerdens verfällt. Es erfolgt dies entweder bei den im Kampf getödteten Feinden oder bei solchen Einzelnen, die aus Blutrache wegen Ermordung eines Stammes-Mitgliedes durch einen benachbarten Stamm diesem Schicksal verfallen sind.

Europäer, welche aus den früher angeführten Gründen von Eingeborenen getödtet wurden, sind niemals verzehrt worden; Europäer verscharrt oder verbrennt man, je nach dem Landesgebrauch. Dieser Umstand allein beweist schon, dass Europäer nicht dieser, sondern anderer Ursachen halber getödtet worden sind.

Wenn auch einzelne Eingeborene eine grössere Vorliebe für Menschenfleisch an den Tag legen, so giebt es doch auch solche und in nicht geringer Zahl, welche nie solches essen und Ekel und Abscheu davor haben.

Es ist also der Kannibalismus lediglich eine interne Institution, welche sich auf frühere Sitten und Gebräuche stützt und sich in Folge der Abgeschlossenheit der Völker so lange erhalten hat. An den Küsten, wo Europäer in den letzten Jahren verkehrt haben, ist der Gebrauch schon nahezu vollständig verschwunden. Wenn nicht auf früher bei der Einwanderung mitgebrachte Sitten und Gebräuche, scheint der Kannibalismus lediglich auf den Mangel an Fleischnahrung zurückzuführen zu sein, da der ganze Archipel kein essbares vierfüssiges Thier mit Ausnahme des Schweines aufweist, die Vögel merkwürdigerweise aber in dem Maasse nicht gejagt werden, wie man darnach annehmen sollte.

Ihrer Hauptbeschäftigung nach sind die Eingeborenen ein ackerbautreibendes Volk und dies hat, wie wir ja an hundert Beispielen bei anderen Völkern kennen, den Vorzug, dass sie sesshaft und arbeitsam sind und Institutionen haben, die von dem Wesen als Ackerbauer unzertrennbar sind, nämlich feste Normen in Bezug auf Organisation der Familie, des Stammes und der Gesellschaft, gute, den unserigen ähnliche Anschauungen über Recht und Eigenthum. Es lässt sich daher wohl mit ihnen auskommen.

Im Ganzen genommen möchte ich jedoch die Neu-Irländer für

offener und freundlicher halten als die Neubritannier, welch' letztere mehr verschlossenen Charakters sind, nicht so leicht aus sich heraus gehen und erst nach längerem Bekanntsein Vertrauen schenken.

Die Sprache ist bei beiden Hauptstämmen eine melanesische, bei den Neu-Irländern mit einzelnen polynesischen Anklängen. Obwohl sich bei genauerer Kenntniss das Vorhandensein einer im grammatikalischen Bau gleichen Sprache wird konstatiren lassen, so ist doch zu bemerken, dass beinahne ein jeder Distrikt oder auch kleinere Insel einen eigenen Dialekt spricht, der oft für den nächsten Distrikt schwer verständlich ist, was sich dadurch erklären lässt, dass die einzelnen Stämme resp. Distrikte zu sehr abgeschlossen von einander leben. Doch gibt es, da sie auch ein Handelsvolk sind, Distrikte, welche in dieser Beziehung dominiren und deren Dialekt daher, wenn man sagen will etwa als Handelssprache über die Grenzen mehrerer Distrikte und Inseln hinaus gesprochen und verstanden wird.

In Bezug auf Kleidung ist wenig zu sagen, da auf Neubritannien beide Geschlechter ganz nackt gehen, auf Neu-Irland nur die Männer. Die Frauen tragen hier ein ganz kleines Schürzchen oder auch nur ein zwischen die um die Hüften gebundene Kokosschnur eingestecktes kleines grünes Blatt. Desto reicher ist der Schmuck, welcher bei Männer und Frauen fast übereinstimmend ist. Charakteristisch ist die Durchbohrung des Nasenknorpels und der Nasenflügel. In den Nasenknorpel steckt man einen Kasuarfederkiel, in die durchbohrten Nasenflügel auf jeder Seite 2—3 weit abstehende Dornen oder Hölzer, welche der Gestalt einen martialischen Ausdruck verleihen. Die Haare des Kopfes und der unteren Theile werden sorgfältig in Loken gedreht, etwa wie ein Korkzieher und mit Kalk oder anderen Farben steif eingerieben und täglich neu frisirt. Den Bart tragen sie in einem schmalen Kranze von Ohr zu Ohr und sind sehr stolz darauf. Die Bemalung des Körpers erfolgt nur bei Festen und dann entweder in weiss oder roth. Schwarz ist die Farbe der Trauer. Um den Hals trägt man eigenthümliche Halskrausen oder einfache Bänder, sonst auch feingeflochtene Halsbänder mit Muschelgeld und Zähnen einer Cuscusart besetzt. Die Frauen zeichnen sich neben ihrer Nacktheit noch durch eine eigenthümliche Tattuirung aus, welche allerlei Figuren, besonders Seesterne darstellt, die in das Fleisch eingeschnitten und fingerdick aufgeheilt sind.

Auf Neu-Irland haben die Männer denselben Gebrauch bezüglich des Schmuckes. Besonders zu bemerken ist nur noch, dass sie die Ohrläppchen aufschlitzen, erweitern und Bastrollen hineinstecken, sowie der Haarfrisur die verschiedensten Formen geben. Frauen haben die

Tattuirung wie auf Neubritannien nicht, dagegen auch erweiterte Ohrläppchen.

Man sollte glauben, dass das moralische Gefühl auf einer sehr niedrigen Stufe stehen müsste, wenn beide Geschlechter nackt gehen. Aber dies ist auch nur scheinbar. Es herrscht im Gegentheil dort mehr Moralität wie wir vermuthen können. Mädchen, welche Jungfrauen sind, erzielen hohe Verkaufspreise und deshalb wird schon sehr auf Moralität gehalten. Sie heirathen nie im eigenen Stamm, sondern immer in einen anderen befreundeten Stamm, da Heirath mit eigenen Stammesmitgliedern als Blutschande gilt. Aus diesem Grunde ist es auch gleich, wenn alle im selben Stamm einander unbekleidet sehen und ist dies keiner Verletzung des Gefühls gleich zu achten. Wenn ein Mann aber über die Grenze seines Dorfes hinausgeht, so ist es ihm nicht erlaubt eine Frau oder ein Mädchen des anderen Stammes von vorne zu sehen bei Vermeidung hoher Strafe resp. Androhung gespeert zu werden. Sollte ein solcher Mann einer fremden Frauensperson unvermuthet begegnen, so dass er nicht mehr ausweichen kann, so dreht er sich einfach um und kehrt ihr so lange den Rücken zu, bis sie vorüber ist. Sieht im anderen Falle ein Mann eine fremde Frau am Wege, den er passiren muss sitzen, so macht er einen weiten Bogen durch das Gebüsch, um sie zu vermeiden und im Rücken herumzukommen.

Die Wohnungen sind meist klein und im Innern nicht sehr sauber, dienen aber auch nur als Schlafstätten. Der Hauptaufenthalt ist das rings um die Hütte ziehende, mit einem dichten Bambusrohrzaun umgebene Gehöft. Der Hofplatz ist mit peinlicher Sorgfalt rein gehalten. Dort wird gekocht, gegessen und am Tage auch geschlafen. Der Hofraum selbst wird von Jedem respektirt und Niemand darf ohne besondere Erlaubniss durch den Zaun eintreten.

Die Nahrung besteht vorwiegend aus vegetabilischen Stoffen. Taro ist Hauptnahrungsmittel, dann kommt Kokosnuss, Bananen, Brodfrucht, eine Melonenart, verschiedene Mandeln, eine Kohlart sowie die jungen Taroblätter und andere mehr. Aus dem Thierreich werden gegessen: Hühner, wilde Tauben, Papageien, Fische und Schildkröten. Alles muss jedoch sorgfältig gekocht sein, ohne welches es der Wilde nicht verzehrt. Die Fische werden entweder mit Angeln ausgeschliffener Perlmutterstücken oder mit Fischreusen und Fischkörben, die oft mit 400 Meter Rohrleine in der See verankert sind, gefangen.

An Waffen haben sie Keulen mit Steinen, harte Speere, Schleudern, Fussfallen, Gruben mit Pallisaden etc. Auf Neu-Irland ist dies alles mit geringeren Modifikationen ebenso.

Sie unterscheiden grössere Distrikte, in denen wieder mehrere kleinere Stämme wohnen, von denen es mir gelang die hauptsächlichsten auf der Gazelle-Halbinsel und in Neu-Irland festzustellen und zu verzeichnen.

Alle Sitten und Gebräuche anführen zu wollen, würde hier zu weit führen; ich beschränke mich darauf, später noch einiges Interessante mitzutheilen.

Wie schon erwähnt sind sie nebenbei grosse Handelsleute. Der Handel wird durch den Gebrauch einer Art Muschelgeld vermittelt und gefördert. Diese Muschel, eine Art Kaurie, wird im Handelswege weit aus dem Westen gebracht und auf lange Rohrschnüre gereiht, per Armlänge gemessen, d. h. von einer Fingerspitze der einen Hand bis zur andern. Zu grossen Rollen wie Rettungsringen vereinigt, repräsentirt es einen ganz besonders hohen Werth. Mit dem Gelde kauft man Frauen, die von 10 bis 50 Längen pro Person kosten, Kanoes von anderen Stämmen, welche diese anfertigen, Schweine, Jams, Taro, Eier, Bananen, Kalk, Betelnüsse, Kriegswaffen, Fische, die Inlandstämme Seewasser, kurz alles was Gegenstand des Handels ist. Auch Bundesgenossen für den Krieg und eventuelle Kriegskosten, werden mit Muschelgeld bezahlt. Um den Handel in Schwung zu halten, haben sie besondere Märkte, die regelmässig alle drei Tage an bestimmten Küstenpunkten abgehalten werden und wozu die Inlandstämme heranziehen. Vorauf eine Abtheilung bewaffneter Männer, dann eine grosse Zahl hochbepackter Frauen und Mädchen mit den Erzeugnissen, zum Schluss wieder eine bewaffnete Schaar, so marschieren sie von allen Seiten heran und nehmen ihren bestimmten Platz ein. Es ist gerade wie bei uns ein grosser Gemüse- oder Butter- und Obstmarkt. Man sieht da alle möglichen Erzeugnisse, nicht zu vergessen die verschiedenen Proben der Kochkunst, da man auch fertige Speisen haben kann. Gelegentlich dieser Zusammenkunft werden von den Männern oft noch andere Geschäfte abgewickelt, auch die europäischen Handelsagenten finden sich ein, um Produkte einzutauschen. Bei diesen Gelegenheiten wandern auch die seitens der Küstenstämme von den Europäern erhandelten, hochgeschätzten Erzeugnisse unter grossem Gewinn in die Hände der Inlandstämme.

Auf den Duke of York-Inseln hat man noch eine andere Sorte Geld, etwa im Umfang wie eine Erbse, aber nur so dick wie ein 20 Pfennig-Stück geschliffene Muschelplättchen, deren Fabrikation ungeheure Mühe verursacht. Sie werden durchbohrt, auf Schnüre gereiht und haben so etwa den 10 fachen Werth des gewöhnlichen

Neubrittannischen Muschelgeldes, dienen auch sonst vorzugsweise zu Schmucksachen und Körperverzierungen.

In Neu-Irland hat man eine noch werthvollere dritte Sorte Geld, in Gestalt von in kleinen, unsern rothen Glasperlen ähnlichen, aus rothen Korallen geschliffenen Stückchen, welche gleichfalls auf Schnüren aufgereiht getragen werden.

Was ihre Ideen, Glauben und Religion anlangt, so ist trotz vieler Nachforschungen mir wenig bekannt geworden. Fest steht, dass sie einen ausgebreiteten Ahnenkultus haben und glauben, dass die Seele nach dem Tode nach einem Stern oder dem Monde überwandert und dort weiter lebt. Sie haben grosse Furcht vor Geistern Verstorbener, von denen man annimmt, dass sie grosses Unheil anrichten können. So werden z. B. im Kampfe erbeutete Feinde oder sonst der Blutrache zum Opfer gefallene Personen eines feindlichen Stammes nicht öffentlich, sondern nur an besonderen Plätzen in Hütten verzehrt. Unter grossem Geschrei dringt man in die Hütte, verrammelt sie auf jede Weise, damit der Geist des Ermordeten nicht herein kann und beginnt dann das Mahl. Nach Beendigung stürzt man wieder unter grossem Geschrei hinaus und läuft, mit Keulen um sich schlagend, nach allen Richtungen bis vor das Dorf, um den Geist hinauszutreiben, damit er sich an den Theilnehmern des Mahles nicht räche.

Die Todten werden auf Neu-Britannien unter vielem Wehklagen, mit vielem Gepränge und Ehrenbezeugungen, in einer Hütte des eigenen Gehöftes begraben. Man errichtet sogar eine Art Denkmäler vor den Gehöften. Auf Neu-Irland werden sie unter ähnlichen Ceremonien verbrannt.

Auf den Inseln der Anachoreten und Hermit-Gruppe dagegen wird der Leichnam junger Leute mit allen kriegerischen Emblemen in ein Kanoe gepackt und dieses in der offenen See der Strömung ausgesetzt. Die Schädel älterer Leute, welch' letztere am Lande begraben werden, gräbt man nach einiger Zeit aus, räuchert sie, verziert die Unterkiefer und benutzt sie bei festlichen Tänzen als Halsschmuck. Diese Inselgruppen wie auch die Admiralitäts-Inseln weichen indessen auch sonst noch in Bezug auf Sitten, Gebräuche und Lebensweise ihrer Bewohner bedeutend von den vorher geschilderten Neu-Britanniens und Neu-Irlands ab.

Besonders zu erwähnen ist noch die Institution des Duk-Duk, eines Geheimbundes auf Neu-Britannien, welcher religiösen Ursprungs ist und unter besonderen Formen die höhere Gerichtsbarkeit ausübt. Im Norden Neu-Irlands und auch auf Neu-Hannover finden wir etwas Aehnliches in Gestalt einer durch kunstvoll geschnitzte Masken unkenntlich gemachten Person.

Dies wäre das Allgemeine, was ich über die Inseln des Archipels sagen wollte. Ich komme nun zu dem deutschen Theil von Neu-Guinea.

Von Neu-Irland kommend, kamen schon nach 2 Tagen die hohen, der Küste in der Astrolabe-Bai vorgelagerten vulkanischen Inseln in Sicht. Es waren dies Dampier-, Rich-, Long-, Kranz- und Lottin-Insel, theils einzelne Kegel, theils in prächtigen Linien von den Bergen zur See ziehende Landschaften, wie sie vulkanischen Erhebungen besonders eigen sind. Einzelne, wie Rich-Insel, bildeten nur einen einzigen ungeheuren Krater. Long-Insel zeigte an den beiden Endpunkten je einen hohen Kegelberg mit tiefer, klaffender Kraterspalte. Alle aber waren längst erloschen und bis zu den äussersten Spitzen und dem Innern der Krater mit dichter, tropischer Vegetation bedeckt. In weiter Ferne waren die 5—6000 m hohen blauen Finisterre-Berge zu sehen, deren einzelne Massen hie und da noch weit über die Wolken hinausragten, so dass es einiger Zeit bedurfte, um sich in dem Berggewirr vor uns orientiren zu können. Langsam der niedrigen Küste zudampfend, die nur ein mässig hohes Gebirge im Innern zeigte, kamen wir in den vom Dampfer »Samoa« einen Monat vorher entdeckten schönen, tiefen und geräumigen Friedrich-Wilhelms-Hafen an, der zahlreiche kleinere Seitenhäfen bildend, ein wahres Meisterwerk der Natur und mit einer üppigen, tropischen Vegetation umgeben ist, wie man sie selten finden kann. Man sieht dort kleine Buchten, wie z. B. diejenige, an welcher das Dorf auf Fischel-Insel liegt, mit geradezu unvergleichlicher landschaftlicher Schönheit. Riesenhafte Schlinggewächse hängen an hohen dunkelbelaubten Bäumen herunter, in allen Farben vom dunkelsten Grün bis zum hellsten Gelb und Rothbraun spielend; dazwischen stehen einzelne schlanke Kokospalmen und im Hintergrunde der stillen kleinen Bucht mit tiefblauem bis nahezu hellgrünem Wasser, liegen die Hütten. Hier sollte zuerst die deutsche Flagge gehisst werden. Da sich jedoch ergab, dass zum Niederschlagen eines kleinen Stückes Urwald behufs Aufhissens der Flagge mindestens ein Tag erforderlich sein würde, dampfte Sr. Majestät Kanonenboot »Hyäne« allein aus dem Hafen, um nach Port Konstantin in der südlichsten Ecke der Astrolabe-Bucht zu gehen und dort ohne Verzug die Flagge zu hissen. Am 19. November gegen 11h. Vormittags kamen wir an, schifften sofort das Landungskorps aus und hissten hier zum ersten Male die Flagge auf Neu-Guinea. Herbeigeeilte Eingeborene waren äusserst freundlich, schüttelten uns die Hände und gaben unter dem Rufen ihrer Begrüssungsworte »Jawa!

Jawa!« ihrer Freude Ausdruck. Zurückgedampft, wurde am 20. Dezember noch von der »Elisabeth« im Friedrich-Wilhelms-Hafen die Flagge gehisst und dann weiter gefahren. Die »Elisabeth« ging nach Neu-Britannien zurück, während der »Hyäne« die Aufgabe zufiel, die ganze Küste bis hinab nach dem Huon-Golf abzulaufen und an geeigneten Plätzen die Flaggenhissung zu wiederholen. Die Eingeborenen waren überall ausserordentlich freundlich und entgegenkommend. Ihre Hautfarbe war hellbraun, sie hatten mit den Bewohnern der Echiquier-Inseln und auch der Admiralitäts-Inseln grosse Aehnlichkeit. Ein lebhafter Tauschhandel brachte uns in den Besitz der schön gearbeiteten Arm- und Halsbänder, der Bogen und Pfeile, Schilde und sonstigen Artikel ihrer Industrie. Sie gingen alle bekleidet, die Frauen mit langen bis zum Knie reichenden, aus Kokosfasern etc. gefertigten, roth, gelb und schwarz gefärbten Schürzen, von denen drei übereinander getragen werden, die Männer mit dem unter dem Namen Maro allgemeiner bekannten Schamgurt aus Bast, welcher um die Hüften gelegt und zwischen den Beinen durchgezogen wird. Eine besondere Aufmerksamkeit hatten dieselben dem Kopfputz gewidmet, indem die Haare oft zu ungeheuren Frisuren aufgebauscht waren, verziert mit einzelnen angehängten Schmucksachen und am Hinterkopf mit einer Reihe einzelner gedrehter Locken, wie sie für die Bevölkerung dieser ganzen Küste bis zu den äussersten Louisiaden- und Laughlan-Inseln charakteristisch sind. In den erweiterten Ohrläppchen befanden sich oft die verschiedensten Gegenstände eingesteckt, so Vogelköpfe an langen mit Hundezähnen und Kaurie-Muscheln verzierten Kokosfaserfäden, auf der Brust hübsche netzgestrickte und mit Hundezähnen besetzte Taschen. Die Boote waren gut, gross und oft mit einem zweiten Aufbau, immer aber mit einer Plattform versehen. Da sie die Farikation von irdenen Töpfen kennen, sah man diese öfter mit Nahrungsmitteln in den Kanoes, und alte Scherben besonders grosser Töpfe dienten in ihrem unteren Theile als eine Art Kohlenbecken, in welchem fortwährend einzelne Holzstücke glimmten.

Besondere Nachfrage war stets nach Eisentheilen, namentlich Bandeisen und Hobeleisen sowie langen Messern, für welche sie ihre schönsten und prächtigsten Schmucksachen hergaben.

Nur die Männer liessen sich bewegen, an Bord zu kommen, die Frauen dagegen nicht. Im Allgemeinen scheinen die Frauen gut behandelt zu werden. Diese haben bei Weitem nicht so viele Schmucksachen am Körper wie die Männer, tragen auch sonst das Haar ganz kurz und oft mit rother oder schwarzer Farbe eingerieben.

Was das Land der von mir besuchten Küstenstrecke anlangt, so ist folgendes zu bemerken: Die ganze Küste von Dampier-Insel gegenüber bis südlich zur tiefsten Ecke der Astrolabe-Bucht ist niedrig mit Korallenuntergrund und erhebt sich durchschnittlich 3 bis 5 Meter über dem Meeresspiegel. Nach dem Innern zu sieht man in der Entfernung von etwa 10 bis 15 Seemeilen eine niedrige Hügelkette parallel mit dem Strande ziehen, die in ihrer höchsten Erhebung etwa 400 Meter hoch ist. Die Abhänge nach der Küste zu zeigen reiche Pflanzungen der Eingeborenen, die sich in die vorgelagerte Ebene verlieren. Weitere grössere Erhebungen sind in dieser Richtung nicht zu bemerken und scheint das Land im Allgemeinen nach dem Innern zu ein welliges Hügelland zu sein. Blickt man aber von der Astrolabe-Bai nach Süden und Südosten, so findet man eine wesentlich andere Konfiguration des Landes. In erster Linie sind es die Bergmassen der Finisterre-Kette, welche 30 Seemeilen von der Küste im Innern beginnen und vom Kap King William im Osten etwa bis zur Ecke der Astrolabe-Bucht im Westen längs der Küste ziehen und hier ziemlich steil abbrechen. Unmittelbar neben diesem plötzlichen Abfall liegt ein einzelner hoher Berg, der Stosch-Berg und dann beginnt, durch einen breiten Pass getrennt, das mehr westlich gelegene isolirte Bismarck-Gebirge. An der Küste vorbeifahrend, muss dieser natürliche Pass nach dem Innern umsomehr auffallen, als er auf beiden Seiten von steil abfallenden Bergmassen begrenzt wird und scheint mir derselbe der natürliche Eingang zu einem grossen inneren Thal, das sich zwischen der zentralen Bergkette und den Küsten befindet, zu sein. Mit gutem Fernrohr war es mir nicht möglich, im Hintergrunde des Passes noch Bergketten zu entdecken und scheint dies die Annahme zu bestätigen, dass es keine zentrale, das ganze Innere Neu-Guineas einnehmende Bergkette, die 250 bis 300 Seemeilen Basis haben müsste, giebt.

Vor allem beschäftigte unsere Aufmerksamkeit, das in prächtigen Linien von der See ca. 30 Seemeilen nach dem Fusse der Finisterre-Kette hinziehende, mässig ansteigende Land, mit schönem grünen Gras und wenigen Bäumen bewachsen. In dieser Gestalt von Kap Rigny bis Kap King William, in einer Ausdehnung von etwa 100 Seemeilen, sich hinziehend, bietet es landschaftlich den schönsten Anblick, den man sich denken kann. Zahlreiche, von den Finisterrebergen herabkommende Bäche und Flüsschen schlängeln sich durch das Land und trugen nicht wenig dazu bei, bei uns den Glauben zu erwecken, dass wir es hier nicht mit einem völlig unbekannten Lande, sondern mit Plantagenbauten in grossem Massstabe zu thun hätten. Dieses ganze

Land muss, vor vielleicht nicht mehr als 100 Jahren bei dem letzten Aufzucken der die ganze Küstenstrecke umgebenden mächtigen Reihenvulkane, ein aus der Tiefe gehobenes, vorgelagertes Korallenriff gewesen sein, dessen Ursprung als solches man heute noch an dem Korallenuntergrund des Landes, bis hinauf auf die Hügel und die grosse Tiefe der See, unmittelbar am Strande, nachweisen kann. Jetzt sind die Korallen verwittert und mit einer guten Humusschicht aus verwesten Vegetabilien bedeckt.

Um Kap King William herumkommend, findet man, dass hier die Ausläufer der Finisterre-Kette sich dem Strande mehr und mehr nähern, um noch südlicher bis auf eine Entfernung von etwa 5 Seemeilen an die See heranzutreten. Dort finden sich auch die merkwürdigen Terrassen von gehobenem Korallenfels, welche langen Festungswerken täuschend ähnlich, zur Benennung »Kap-Fortifikation« Veranlassung gegeben haben. Zwischen dem höchsten Punkt der Korallenfelsenterrassen und dem hinterliegenden Bergzug, sieht man aber weite meilenlange grasige Thäler sich hinziehen. Wo die Erhebungen aus der See noch weiter nach Süden zu nicht so bedeutend gewesen sind, haben sich gute Häfen gebildet wie der Finschhafen bei Kap Cretin. Dort finden sich noch mehr geräumige Buchten, die, wenn erst näher untersucht und vermessen, wohl noch brauchbare Häfen abgeben werden.

In Finschhafen selbst hatten wir einen mehrere Tage dauernden Verkehr mit den Eingeborenen der umliegenden Dörfer, welcher auf's Friedfertigste verlief und die Eingeborenen als solche Menschen erkennen lies, mit denen sich gut auskommen lässt. Ich machte hier einige Touren, etwa 5 Seemeilen in das Innere bis auf die nächste Hügelkette und hatte sonst noch Gelegenheit reichhaltige ethnographische Beobachtungen zu machen.

Eine zweite und längere Fahrt längs des ganzen Theils der Küste vom Ostkap bis Humboldt-Bai im Norden, welche im Sommer 1885 stattfinden sollte, wurde leider durch das Eintreten besonderer Verhältnisse, die uns nach Zanzibar führten, vereitelt.

Nach dieser allgemeinen Schilderung des Archipels und des deutschen Theils von Neu-Guinea komme ich zu den Aussichten, welche unsere jüngst begründeten kolonialen Unternehmungen in diesem Theile des Stillen Ozeans etwa haben werden.

Bekanntlich sind der Neu-Guinea-Kompagnie die Oberhoheitsrechte über das ganze Schutzgebiet und das alleinige Recht zur Erwerbung von Grund und Boden übertragen worden. Ich möchte dies letztere als einen der wichtigsten Punkte bezeichnen, auf den sich das

Unternehmen stützen kann und kraft dessen es möglich sein wird, endlosen Streitigkeiten und Verwicklungen vorzubeugen, welche in anderen Ländern der Landankauf von Eingeborenen mit sich geführt hat.

In Betreff des Landes selbst, seines Bodens, der etwa zu erzielenden Ausfuhrprodukte, und hinsichtlich der daraus resultirenden Handelsunternehmungen, wird man zwei Hauptpunkte unterscheiden müssen:

1. ob die Unternehmung zum Zwecke der Anlegung von Plantagen in grösserem Maasstabe geschehen, oder
2. ob die Unternehmung eine reine Handelsunternehmung zum Zwecke der Ausbeutung schon vorhandener Naturprodukte ist.

Naturprodukte des Schutzgebietes sind in erster Linie die Kokospalme, von der die Kopra gewonnen wird, Jams, Taro, Bananen, Zuckerrohr, ferner in einigen Gegenden Perlschalen und Biche de mer (Seegurke). Der in den Wäldern etwa vorhandenen Nutzhölzer und noch unbekannt in der Erde liegenden Mineralien soll hier nicht gedacht werden. Ferner hat man gefunden, dass auch auf Neu-Guinea in bisher ganz unberührten Gegenden Tabakbau getrieben wird, dieser gut gedeiht, ein Lieblingsgenussmittel der Eingeborenen ist und merkwürdigerweise in der unserer Cigarre ähnlichen Form geraucht wird.

An tropischen und subtropischen Produkten, deren Anpflanzung mehr oder weniger ins Auge gefasst werden könnte, würde hauptsächlich zu nennen sein: Baumwolle, Kaffee, Zuckerrohr und Tabak. Eine Vergleichung der geographischen Lage und der klimatischen Verhältnisse des Schutzgebietes mit denen der benachbarten indischen Inseln lässt der Anpflanzung und dem Fortkommen dieser Produkte an den geeigneten Gegenden die günstigste Aussicht eröffnen. Versuche mit Baumwolle sind ganz gut ausgefallen und mit Kaffee noch nicht abgeschlossen. Wenn man sich auf die Erfolge bezieht, welche mit dem Tabakbau in Sumatra erzielt sind, darf man auch hierin das Beste hoffen, umsomehr als das Vorkommen und die Anpflanzung des Tabaks im Lande selbst bereits konstatirt ist.

Viehzucht derjenigen Arten, welche in Queensland gehalten, wird in den weiten grasigen Thälern Neu-Guineas besonderen Schwierigkeiten nicht begegnen.

Was die Strecken anlangt, auf welchen sich eine Plantagenwirthschaft ermöglichen lassen wird, möchte ich zunächst auf Neu-Guinea die weiten, ebenen Strecken des der Finisterre-Bergkette vorgelagerten Landes, dann die Thäler, welche sich weiter südlich hinziehen und Theile des neuerdings als ersterem ähnlich geschilderten Landes von Astrolabe-Bai nordwärts bis Humboldt-Bai bezeichnen. Ob sich im

Innern noch weite Strecken in Gestalt von Hochplateaus oder Thälern befinden, muss der späteren Erforschung vorbehalten bleiben. Für's Erste bieten aber diese weiten Strecken überreich des geeigneten Bodens für die genannten Kulturzwecke.

Auf den Inseln des Archipels kommt zunächst der ganze nördliche Theil von Neu-Britannien, Gazelle-Halbinsel genannt, in Betracht, welcher in dem weiten, über 30 Seemeilen langen Thal vom Kap Palliser im Süden bis Port Weber im Norden und seinen welligen Uebergängen bis zur Ginegunauküste im Osten, ferner den einzelnen kleinen Thälern im Norden die geeignetsten Punkte zur Anlage von Pflanzungen bietet. Wenn auch der Boden vorwiegend verwitterter Bimstein, so ist derselbe durch verwitterte Vegetabilien bereits so durchsetzt, dass er als sehr reich bezeichnet werden kann. In diesem Theile, namentlich an der Ginegunauküste haben seit 1883 Pflanzversuche durch Anlage von Musterplantagen stattgefunden, welche, so viel mir bekannt, gute Resultate erzielt haben. Auch unsere europäischen Gemüse wie Weisskohl, Stangenbohnen, Salat etc. gedeihen sehr gut. An der Nordküste nahe bei Kap Stephens haben Versuche mit Kartoffeln ein gutes Resultat erzielt, namentlich sind sie nicht ausgeartet.

Auf Neu-Irland kommt für Plantagenzwecke nur der nördlichste Theil mit seinen weiten grossen Ebenen in Betracht, die auf gehobenem verwitterten Korallenboden eine sehr gute Humusschicht zeigen und von Neu-Hannover der ganze im Nordosten in langen Linien vom Strand zum westlichen Gebirgskamm hinziehende Theil.

Die übrigen Theile der Hauptinseln Neu-Britannien und Neu-Irland sind zu gebirgig, so dass auf geeignete Strecken für Plantagenbau nicht gerechnet werden darf. Die umliegenden Inseln wie die Vischer- und Gerrit-Denys-Gruppe im Nordosten Neu-Irlands, die Duke-of York-Gruppe, die Admiralitäts-, Hermit-, Anachoreten- und andere Inseln im Norden Neu-Britanniens sind entweder hohe vulkanische Erhebungen oder ausschliesslich Korallenatolle, auf welch' letzteren nur die Kokospalme und der Pandanus fortkommt.

Welche von den tropischen und subtropischen Produkten auf den bezeichneten Gebieten fortkommen werden und welche Erfolge zu erzielen sind, muss erst die Zukunft lehren, doch darf man, wie schon erwähnt, aus Analogien benachbarter Inseln und auf Grund der bereits gemachten und in Ausführung begriffenen Versuche in dieser Beziehung das Beste erwarten.

Zum zweiten Theil, den Handelsunternehmungen zur Gewinnung von Naturprodukten kommend, so bestehen diese schon seit 1873 und waren sie es, welche den Archipel erschlossen haben. Das Hauptprodukt war immer die Kopra, der getrocknete Kern der Kokosnuss, in geringerem Maasstabe Perlschalen und Biche de mer.

Ueberall da wo Korallenriffe die Küste umsäumen, kommt die Kokospalme bis auf weite Strecken innenlands in grosser Zahl vor, besonders aber auf der Gazelle-Halbinsel in Neu-Britannien, dem ganzen nordöstlichen Theil von Neu-Irland, den zahlreichen Inseln der Byron- und Steffen-Strasse zwischen Neu-Irland und Neu-Hannover, und dem Nordosttheil von Neu-Hannover. Hier umsäumt dieselbe die ganzen Küstenstrecken und krönt in dichten Gruppen wie auf Neu-Britannien die Hügel in weiter Ferne im Innern. Die Anachoreten-Inseln und einzelne der Hermit-Inseln, Admiralitäts- und Duke of York-Inseln bilden einen einzigen Wald von Kokospalmen. Alle übrigen Küstenstrecken der benannten Gruppen sind mit geringen Ausnahmen ebenfalls damit besetzt. So reich ist der Ertrag einzelner Distrikte in Neu-Irland an Kopra, dass bei einer einzigen Station pro Monat 25 Tonnen zusammengebracht wurden und dabei muss man bedenken, dass dies nur ein geringer Theil ist, ein grosser Theil wird von den Eingeborenen als Hauptnahrungsmittel verzehrt und ein noch grösserer Theil geht verloren. Der Eingeborene hat eben noch wenig Bedürfnisse, wie Tabak, Kalkpfeifen, Perlen, Streichhölzer, Messer und Beile, welche zu befriedigen er Kopra nur sammelt, wenn er es nöthig hat.

Im Ganzen wird sich die jetzige Ausfuhr aus dem Archipel zwischen 1500 und 2000 Tonnen pro Jahr halten, die dann bei rationeller Ausbeute auf das Doppelte gebracht werden kann. Wird man dann jetzt noch anfangen, die Kokospalmen an anderen geeigneten Küstentheilen des Archipels wie auch auf Neu-Guinea systematisch anzupflanzen, so kann der Ertrag leicht auf das Fünffache gebracht werden. Kleinere Inseln, welche Korallenuntergrund haben, in eine einzige Kokosplantage umzuwandeln, bietet gar keine Hindernisse. Der Koprahandel ist daher gegenwärtig als der lukrativste im Archipel zu bezeichnen und die betheiligten Firmen wissen es wohl, was derselbe im Verein mit dem Waarenaustausch für eine Goldgrube ist und bleiben wird.

So stellen sich denn die Aussichten für unsere kolonialen Unternehmungen in jenen Theilen der Südsee als durchaus günstige dar, die zu den besten Hoffnungen berechtigen. Hauptsache war natürlich, dass zur Befestigung der ganzen Unternehmungen vorerst die ganzen Inselgebiete unter den Schutz des Reiches gestellt wurden, und damit eine Annektirung durch eine andere Macht ausgeschlossen blieb. Sich aus sich selbst weiter zu entwickeln, wird den einzelnen Unternehmungen jetzt leichter werden; das sogenannte Abschöpfen des Rahms von der Milch aber wird geordneteren, systematischen Unternehmungen weichen und auch die Eingeborenen, denen wir nun schon eine grössere Sympathie entgegenbringen müssen und für deren Wohl wir mit verantwortlich sind, werden sich hierbei auch besser stehen.

Die Arbeiterfrage, d. h. die Verwendung der Eingeborenen zu Plantagenzwecken, wird eine brennende werden und es werden ausreichende Maassregeln getroffen werden müssen, um den Eingeborenen in besserer und wirksamerer Weise gegen Uebergriffe, schlechte Behandlung und die Ausbeutung seitens der Europäer zu schützen, als dies bisher der Fall war. Wenn diese Verhältnisse fortbestehen würden wie bisher, würde in kurzer Zeit der Eingeborene alles Vertrauen zu dem Europäer verlieren und zu Arbeitsleistungen nicht mehr zu bewegen sein. Man bemerkt dies schon in den Gegenden, in welche Arbeiter, die ihrer Kontraktspflicht genügt, zurückgebracht worden sind, wo dieselben ihren Stammesgenossen von ihrer Behandlungsweise erzählt und dadurch die Arbeiterausfuhr aus einzelnen Distrikten ganz lahm gelegt haben. Die Europäer schneiden sich also durch die schlechte Behandlungsweise meist in das eigene Fleisch.

Die Schandthaten endlich, welche mit der Arbeiteranwerbung verbunden sind, können kaum geschildert werden. Ich will hier nur auf das Aktenstück der Königl. Kommission in Queensland verweisen, welche im Frühjahr 1885 zur Untersuchung der bei der Arbeiteranwerbung vorgekommenen Unregelmässigkeiten eingesetzt war. Dieselbe konstatirte, dass von über 600 angeblich angeworbenen Arbeitern von den Südsee-Inseln, auch nicht ein einziger die Natur und Dauer seines Kontraktsverhältnisses verstanden hat, dass die meisten gar nicht angeworben, sondern mit Gewalt geraubt und gefangen und auf die Arbeiterschiffe geschleppt worden sind. Harmlosen, längsseit der Schiffe kommenden Eingeborenen wurden die Kanoes zerhauen, sie selbst aufgefischt, viele dabei erschossen, oder wenn sie arglos an Deck kamen, in die unteren Räume geworfen. Wenn bei solchen Ueberfällen wehrloser Menschen der Vater oder die Mutter von den Kindern, diese von den Eltern gerissen, sogar, wie es konstatirt ist, kleine in den Booten befindliche Kinder, weil man sie nicht brauchen konnte, vor den Augen der Eltern in das Wasser geworfen wurden und elendiglich umkamen, so muss sich jeder human denkende Mensch mit Abscheu von solchen Vorkommnissen abwenden und alles in seinen Kräften stehende thun, um diesem Wesen zu steuern. Ich bemerke ausdrücklich noch, dass diese Schiffe beeidigte englische Regierungs-

Agenten an Bord hatten, welche jeden einzelnen Fall der Anwerbung beaufsichtigen sollten. Von vorerwähnten mehr als 600 zählenden Personen, deren Anwerbung die Kommission prüfen sollte, waren nach Verlauf von nur einem Jahre 107 gestorben, welch' grosser Prozentsatz nicht zum geringsten auf die Behandlung und schlechte Unterbringung der Eingeborenen zurückzuführen ist. Wie bekannt, wurden sämmtliche Ueberlebende im letzten Sommer auf Kosten der Regierung von Queensland wieder in ihre Heimath gebracht.

Man kann sich nun denken, was einen friedlichen Europäer passirt, der das Unglück hat, eine Küste zu besuchen, wo vorher solche Gräuelthaten verübt worden sind und kann sich nicht wundern, wenn der Eingeborene blutige Rache nimmt; und diesem Umstande sind viele Ermordungen im Archipel zuzuschreiben. Auch in den jetzt deutschen Theilen des Archipels sind ähnliche Sachen vorgekommen und man konnte dort so recht beobachten, wie die Bewohner einzelner Inseln beim ersten Besuch des Kriegschiffes überaus freundlich und zutraulich waren und an Bord kamen, ohne Unterschied des Geschlechts, dann, wie beim zweiten Besuch nach Jahresfrist, nachdem inzwischen Arbeiterschiffe ihre Gräuel verübt, sich niemand sehen lies, wie die Eingeborenen flüchteten und ihre Frauen und Kinder versteckten.

Da es aber für die neu zu gründenden Plantagen im Schutzgebiet unerlässlich sein wird, eine regelmässige Arbeiterzufuhr von einer Insel zur andern in's Werk zu setzen, um die heranzuziehenden Kolonisten ausreichend mit Arbeitskräften versehen zu können, ohne welche Bedingung die Anlegung und Fortführung von Plantagen, mehr als problematischer Natur sein würde, so wird es zunächst das Bestreben der mit der Oberhoheit betrauten Neu-Guinea-Kompagnie sein müssen, zunächst die Eingeborenen des Archipels an ihre Verwaltung zu gewöhnen, und das Gefühl der Sicherheit zu heben, damit die Eingeborenen wieder Vertrauen gewinnen können. Später ausreichende Maassregeln für ihren Schutz bei ihrer Anwerbung als Arbeiter, ihre Behandlung, Verpflegung und Rücklieferung zu treffen, wird eine weitere Hauptsache von nicht zu unterschätzender Bedeutung bleiben, da hiermit der weitere Zufluss eng verknüpft ist.

Um noch wenige Worte über das Klima zu sagen, so bemerke ich, dass dasselbe ein tropisches, durch die regelmässigen Passatwinde aber sehr gemildertes ist. Dazu kommt, dass die Inseln alle lang und schmal sind und die Seeluft sie fortwährend durchstreicht. Die Mitteltemperatur schätze ich auf etwa 25° C. Im Allgemeinen ist es nicht so heiss wie im nördlichen Queensland, und der Europäer hält sich im Allgemeinen gut, wenn derselbe sich nicht dem Genuss von Spirituosen und anderer schwerer geistiger Getränke hingibt. Derselbe wird auch im Freien arbeiten können, jedoch nicht anstrengend, besonders wenn er die Tageszeiten der grössten Hitze vermeidet.

Im Allgemeinen kann gesagt werden, dass die Neu-Guinea-Kompagnie die Verwaltung des ihr unterstellten Gebiets mit frischen Kräften in Angriff genommen hat. Vor wenigen Tagen ist bereits die zweite Expedition hinausgegangen und an den bedeutendsten Punkten sind auf Neu-Guinea schon Stationen errichtet. Für eine direkte und regelmässige Dampferverbindung mit Australien ist ebenfalls gesorgt und so werden in kurzer Zeit schon feste Verhältnisse geschaffen werden.

Wir dürfen zur Neu-Guinea-Kompagnie das Vertrauen haben, dass sie bei klar vorgezeichneten Zielen, auch die Energie, die Mittel und die Macht hat, dieselben zu verfolgen und auszuführen und das grossartige Unternehmen zum Nutzen des Vaterlandes auf die Höhe der Zeit zu bringen und zu erhalten.

Die Marshall-Inseln

von

F. Hernsheim.

(Vortrag, gehalten in der Geographischen Gesellschaft in Hamburg am 2. Dezember 1886).

Die Marshall-Inseln, seit nahezu 100 Jahren (1788) von Kapitain Marshall auf einer Reise von Australien nach China entdeckt, erstrecken sich bekanntlich von dem 4.° nördlicher Breite und 172.° östlicher Länge v. Gr. in einer nordwestlichen Richtung über ungefähr 10 Breitegrade. In 2 Ketten, der Ralik und Radak d. h. der westlichen und östlichen, schliesst sich diese 33 Inseln umfassende Gruppe an die, nach soviel Erregung, den Spaniern überlassenen Karolinen an und verbindet diese gewissermaassen mit den nach S.-O. folgenden Gilbert- oder Kingsmill-Inseln. Als Grenze zwischen den Karolinen und Marshall-Inseln wird zwar der 164.° östlicher Länge angenommen, in der offiziellen Proklamation aber, wonach die Marshall-Inseln unter deutsches Protektorat gestellt wurden, sind die Brown- und Providence-Inseln, die auf 161° liegen, ausdrücklich als mit zu den Marshall-Inseln gehörig angeführt und als deutsches Gebiet erklärt worden, was auch eigentlich selbstverständlich, denn Providence ist ausschliesslich deutsches Eigenthum und ist erst durch die dort mit deutschem Kapital gemachten Anpflanzungen werthvoll geworden.

Sämmtliche Inseln der Marshalls sind niedere Atolle, die der Korallenbildung angehören; sie bestehen aus einem schmalen Streifen Landes, der sich, einem Gürtel gleich, um eine Lagune zieht. Nach Darwin haben wir es hier mit einem gesunkenen Kontinente zu thun; nach seiner Theorie wären die jetzigen Inseln in vergangenen Weltepochen Bergspitzen gewesen, um die herum, beim allmälichen Versinken des flachen Landes die Koralle Bänke baute und dieselben in demselben Maasse nach Oben weiterführte, als der Berg mehr und mehr in das Meer versank. Als dann schliesslich die höchsten Spitzen unter den Wellen verschwunden waren, seien nur die Korallenringe übriggeblieben und da, wo ehemals Wasserläufe ihren Weg zum Meere gefunden, seien, weil die Koralle in süssem Wasser nicht leben kann, die Passagen entstanden, die heute jene Lagunen mit dem offenen Meere verbinden.

Nehmen wir diese Theorie an und verfolgen wir dieselbe weiter, so sehen wir, wie sich allmälich Sand auf den abgestorbenen Korallenbänken ablagert, wie sich Vögel niederlassen und Samen zutragen, wie Wind und Wogen die in ihrer rauhen Faserhülle so wiederstandsfähige Kokosnuss zuführen und so auf nacktem Felsen, mitten im Ocean, grünende Wälder und neues Leben entsteht.

Auf ähnliche Weise liesse sich wohl durch die Annahme geretteter Ueberbleibsel einer Urbevölkerung der Südsee und Vermischung derselben mit verschlagenen Malayen, Chinesen und Papuas die in Hautfarbe, Körperbau, Sitte und Sprache so vielartige Bevölkerung dieses Inselreiches erklären.

Solche hochinteressanten Fragen jedoch den Männern der Wissenschaft überlassend, möchte ich Sie, verehrte Anwesende, heute nur mit den Sitten und Gebräuchen jenes kleinen Völkchens der Marshaller bekannt machen und Ihnen zugleich ein Bild der bescheidenen Zukunft entwerfen, die jener neuesten Errungenschaft unserer kolonialen Bestrebungen beschieden sein mag.

Eine Zählung der Einwohner hat bis jetzt nur auf 3 oder 4 Inseln stattgefunden und in jedem einzelnen Falle das Resultat ergeben, dass die von Missionären und Kapitainen gemachten Schätzungen auf die Hälfte, ja ein Viertel reducirt werden mussten. Ich schätze, mit Berücksichtigung aller zweifellosen Angaben und nach meinen persönlichen Beobachtungen die ganze Bevölkerung heute auf etwa 8000 Seelen; auch diese sind in Decadence, so dass die Kenntniss ihrer Sitten und Gebräuche eigentlich nur ein historisches Interesse hat.

Dürfte ich in meine Schilderung die Poesie eines Chamisso hineintragen, der im Anfange unseres Jahrhunderts (1816) die Inseln flüchtig besuchte, so könnte ich Ihnen auch von dem heutigen Marshaller noch ein ganz anmuthiges Bildchen entwerfen; von dieser Stelle aber, wird meine Beschreibung weniger farbenreich und ansprechend ausfallen müssen.

Der Marshaller ist von mittlerer Statur, von gelbbrauner Hautfarbe und schmaler zurückfliehender, an den Schläfen eingedrückter Stirne; seine Nase ist flach und breit, sein Auge und Haar schwarz; letzteres, häufig gelockt, wurde früher lang getragen und von den Männern auf dem Scheitel, von den Frauen hinter einem Ohre in einen Knoten geflochten. Der Bartwuchs ist spärlich. Die Ohrläppchen werden von den Männern aufgeschlitzt und künstlich ausgedehnt. Alltags wird in diesen Hautschlingen Tabak, Pfeife, Zündhölzer und dergl. getragen, bei festlichen Gelegenheiten aber ein spiralförmig hineingelegtes junges Palmblatt, wodurch dieser Hautstreifen bis zur Grösse eines Tellers ausgedehnt wird. Auf diesen Zierrath giebt der Marshaller ausserordentlich viel und als ich einst von dem König Kabua die energische Bestrafung eines seines Unterthanen verlangte, der einen Europäer schwer verwundet hatte, liess Kabua dem Delinquenten vor der versammelten Gemeinde die Ohrlappen abschneiden. Auf uns wirkte die Execution zwar mehr komisch, denn während Kabua dem Sünder in ermahnender Weise sein schweres Unrecht vorhielt, schlich sich Lagaϑimi, der Bruder Kabua's von hinten heran und hatte die Operation vollendet, ehe der verwunderte Missethäter recht wusste, was ihm geschehen; bald aber schämte er sich doch so sehr des fehlenden Schmuckes, dass er nach wenigen Tagen nach einer kleinen weit entfernten Insel auswanderte.

Eine reiche Tattuirung deckt fast den ganzen Körper, scheint aber auch hier weder mit Religion noch Standesunterschied zusammengehangen zu haben, sondern lediglich als Schmuck und Zierrath ausgeführt worden zu sein. Das damit verbunden gewesene Ceremoniell ist längst aufgehoben, die Zeichnungen werden aber noch ebenso kunstvoll ausgeführt wie früher, und die Leute unterwerfen sich noch mit derselben stoischen Tapferkeit der ausserordentlich schmerzhaften, Monate lang dauernden Operation des Einätzens.

Die Männer tragen, soweit nicht europäische Kleidung die einheimische bereits verdrängt hat, einen geflochtenen Lendengürtel und darüber einen weitabstehenden bis an das Knie reichenden Bastrock, der aus 2 Theilen besteht und die Schenkel unbedeckt lässt; die Weiber sind von den Hüften bis auf die Füsse mit 2 Matten bekleidet. Die Oberkörper bleiben nackt. Haare nnd Hals schmückt meist ein wohlriechender Blüthenkranz. Von strahlender Sonne beschienen, im Halbdunkel der Kokoswälder, oder in klaren Mondnächten, sehen die über und über mit Kokosöl gesalbten Gestalten ausserordentlich malerisch aus; wer sich aber diesen günstigen Eindruck bewahren will, muss ja nicht alzu nahe gehen.

Man unterscheidet vier Stände: kajur, der Gemeine, Besitzlose; leadagedag, der kleine Häuptling, budag, alle die zur königlichen Familie gehören und irod, der aus letzterer hervorgehende König oder grosse Häuptling. Der Vielweiberei huldigen nur die drei bevorzugten Stände, während sich der kajur mit einem Weibe begnügen muss, das ihm noch obendrein einfach weggenommen wird, sobald es den Gefallen eines Höherstehenden erregt.

Die Erbfolge ist die weibliche und auf den jüngeren Bruder gehen mit Anderem, zugleich die Weiber seines Vorgängers über, wie denn überhaupt von Liebe nach unserer idealen Auffassung keine Rede sein kann. Der geschlechtliche Verkehr ist ein nahezu zügelloser und während das junge Mädchen früher wenigstens seine Pubertät abgewartet haben soll, ehe es sich mit den Männern vermischte, ist auch diese Schranke längst gefallen. Hierin, sowie in dem Umstande, dass nahe Blutsverwandtschaft kein Hinderniss zur Eheschliessung ist, ist neben der sich mehr und mehr ausbreitenden Syphilis der Grund zu suchen, dass die Zahl der Geburten immer weiter hinter der der Todesfälle zurückbleibt.

Im Uebrigen ist die Stellung der Frau keine harte. Von der ihr auf anderen Inseln obliegenden Bestellung des Feldes kann auf diesem Sandboden keine Rede sein; sie beschäftigt sich mit der Herstellung von Matten und versteht recht zierliche Muster einzuflechten; sie sammelt trockene Pandanusblätter, mit denen die Dächer gedeckt werden, schmückt sich und ihren Herrn täglich mit frischen Blüthenkränzen und hilft ihm auch wohl beim Kopraschneiden. Die primitive Kochkunst wird gemeinschaftlich ausgeübt. Ein mit Steinen ausgelegtes Loch im Sande ist der Backofen, in dem in Blätter gewickelte Fische gar werden, die man weder ausweidet noch von den Schuppen reinigt. Grössere Fische, Krabben oder gelegentlich ein Schwein werden auf direktem Feuer gebraten, oder noch einfacher, in die heissen Kohlen geworfen. Komplicirtere Gerichte, die man aus der Frucht des Pandanus oder der des Brodfruchtbaumes herstellt, werden von der ganzen Gemeinde unter Gesang und Scherz bereitet. Auch den Fischfang betreibt man gemeinschaftlich; er ist die wichtigste Beschäftigung, denn, wo Ackerbau ausgeschlossen, beruht die Ernährung, bei dem Mangel an Säugethieren, neben der Kokosnuss, lediglich auf Fischen. Trotzdem wird auch diese Arbeit nicht als eine nothwendige aufgefasst, sondern man sieht darin mehr eine Belustigung, einen Zeitvertreib. Bei schlechtem oder auch nur regnerischem Wetter denkt schon Niemand an Fischfang; man sucht sich bei Niedrigwasser ein paar Krabben auf dem Riff oder begnügt sich mit einer Kokosnuss oder Brodfrucht. An schönen Tagen dagegen und namentlich zu bestimmten Jahreszeiten sind die Palmenkronen am Strande von früh bis spät mit spähenden Jungen belebt. Sobald ihr scharfes Auge einen Schwarm Fische entdeckt, strömt auf ihr Zeichen Jung und Alt herbei und die sonst so phlegmatischen Menschen werden rührige

Schnellläufer. Einige schieben die am Strande stehenden Kanoes in's Wasser, umkreisen den Fisch in grossen Bogen und suchen ihn dem Lande zuzutreiben, andere tragen Palmblätter und lange schmale Geflechte herbei und bilden damit eine lebende Kette, die, sobald der Fisch in seichtem Wasser, ihn pfeilschnell im Halbkreise umgiebt. Nun wird mit Steinen und Blättern die Kette verstärkt und die Fische, wo sie durchzubrechen suchen, mit jauchzendem Geschrei zurückgejagt. Ist dann Ebbe eingetreten, sodass nur noch wenige Zoll Wasser auf dem Riffe stehen, so wird der Fisch gegriffen, gespiesst und mit Netzen, Körben, Hüten, oder was immer zur Hand ist, herausgeschöpft. Alle Standesunterschiede sind geschwunden. Kabua, der König, springt, trotz seines beträchtlichen Umfanges, ebenso eifrig und rührig, wie sein letzter Unterthan oder der strenge Missionär, der die Nacktheit der Mädchen garnicht zu bemerken scheint, die im Eifer ihre einzige Bekleidung, die Matten, als Netze und Körbe benutzen. Auch mit Angelhaken, die man aus Perlschalen verfertigt und mit Speeren werden Fische gefangen; dem Fremden aber ist vor dem Genusse solcher Fische grosse Vorsicht zu empfehlen, denn viele dieser buntschillernden grotesk geformten Thiere sind so giftig, dass ihr Genuss heftige Krämpfe verursacht, die ohne energische Gegenmittel häufig mit dem Tode enden. Dr. Finsch vermuthet zwar, dass die giftigen Eigenschaften dieser Fische mit den Eingeweiden zusammenhängen, die wie bemerkt nicht herausgenommen werden, so lange jedoch keine Versuche gemacht, muss es eben eine Vermuthung bleiben. Ganz besonders merkwürdig ist hierbei, dass genau derselbe Fisch z. B. in Jaluit giftig ist, während er in Ebon ohne irgend welchen Schaden genossen wird.

Die Arzneikunde der Eingeborenen beschränkt sich auf den Gebrauch von heissem Wasser und das Aufkleben eines kühlenden Blattes auf die schmerzhafte Stelle. Sehr viel wird Massage angewandt, die von alten Frauen mit grosser Geschicklichkeit und Kenntniss ausgeübt wird; wie leicht begreiflich, begleiten sie ihre Manipulationen mit vielem Hokuspokus und legen die heilende Kraft in erster Linie den gemurmelten Beschwörungen bei. Auch Luftveränderung wird in der Weise verordnet, dass in langwierigen Fällen die Freunde des Erkrankten dessen Lager umstehen und lange schmale Pandanusblätter in Abschnitte zusammenfalten. Aus der Länge der zuletzt verbleibenden Abschnitte wird dann der Ort bestimmt, nach welchem der Kranke, um zu genesen, gebracht werden muss.

Das unfehlbare Attribut jedes auch nur Unpässlichen ist ein langer Stab, auf den er sich mit beiden Händen stützt; einerlei ob er Kopf-, Magen- oder Zahnweh empfindet, rheumatische Schmerzen oder eine geschwollene Backe hat, der Stab ist unvermeidlich.

Uebrigens kommen auf den Marshalls ernstliche Erkrankungen ausserordentlich selten vor. Von Epidemien kennt man nur Influenza, der bei eintretender Regenzeit alljährlich einige Eingeborene zum Opfer fallen, die bei Europäern jedoch in den seltenen Fällen, wo sie überhaupt davon befallen werden, wie eine starke Erkältung verläuft. Ein Hautleiden, »gogo« genannt, das sich kreisförmig ausbreitet und nach und nach den ganzen Körper mit Schuppen bedeckt, scheint auf das Allgemeinbefinden keinen Einfluss zu haben. Fieber, Diphtheritis, Cholera, Scharlach und dergleichen sind noch unbekannt und nur die Syphilis breitet sich, wie bereits bemerkt, immer mehr aus.

Die Temperatur ist zwar das ganze Jahr hindurch hoch, etwa 26 bis 28° R. mit einer Abkühlung von etwa 4 bis 5° während der Nacht, aber die Luft ist rein und vom Oktober bis April weht ein steter erfrischender Nordost-Passat. Die Stille der dazwischen fallenden Monate Mai bis September wird ab und zu von heftigen Westwinden mit schweren Regenfällen unterbrochen. Quellwasser fehlt natürlich vollständig. Früher begnügte man sich mit Wasserlöchern, die man mitten auf der Insel grub und in welche mit der Fluth ein ziemlich brackisches Wasser trat, jetzt sind längst grosse Cisternen angelegt, in die der Regen von galvanisirten Eisendächern fliesst und in denen sich das Trinkwasser kühl und rein erhält. Regenmangel und Dürre sind in den Marshalls so gut wie unbekannt.

Kehren wir nun zu den Beschäftigungen der Insulaner zurück, so finden wir als einzige Arbeit, die neben Kriegsführung von den Männern allein ausgeführt wird, den Kanoebau. Die Marshaller sind zwar als die geschicktesten Seefahrer der Südsee bekannt, trotzdem aber ist es kaum begreiflich, wie diese Menschen mit den aller primitivesten Werkzeugen (Muschel- und Steinäxte) ohne Eisen, so wunderbare Fahrzeuge zu bauen im Stande waren und sind.

Das Kanoe, zu dem der Brodfruchtbaum das Holz liefert, ist vorn, hinten und im Kiele ganz spitz. Das grösste etwa 50′ lang, ist nicht über 4′ breit und durch ein starkes Gestell mit dem Schwimmbalken, dem sogenannten Ausleger verbunden, der etwa 10 bis 15′ entfernt neben dem Kanoe herschwimmt und dasselbe am Umschlagen verhindert. In Folge dieser Konstruktion würde sich das Fahrzeug stets in grossen Kurven bewegen, hätte man nicht verstanden, die dem Ausleger zugekehrte Seite konvex, die andere aber fast gerade zu bauen. In der Mitte des Fahrzeuges ruht beweglich in einem Holzsockel der Mast, an dem das dreieckige Mattensegel befestigt wird, die untere Spitze des letzteren sitzt im vorderen Schnabel des Kanoes und wird einfach nach dem hinteren Schnabel gebracht, wenn gewendet werden soll.

Diese Boote kommen an Geschwindigkeit unseren besten whaleboats gleich und nehmen im Seegang nur sehr wenig Wasser über, da jedoch die einzelnen Seitenstücke nur zusammengebunden und die Nähte nicht kalfatert sind, dringt doch viel Wasser ein, so dass ein Mann immer ausschöpfen muss. Auf der Mitte des Kanoes liegt weit nach beiden Seiten überragend eine Plattform, auf der 10 bis 15 Menschen Platz finden.

In früheren Zeiten wurden häufig grössere Seefahrten unternommen und noch leben einzelne alte Leute, denen die hauptsächlichen Sternbilder wohl bekannt sind. Auch sind noch aus Stöckchen verfertigte Karten vorhanden, auf denen die Position einer jeden Insel der Marshall-Gruppe durch Steinchen verschiedener Form und Grösse angegeben ist. [1])

Sollte eine Reise unternommen werden, so wurde erst in Gesängen und Tänzen die Hülfe des Gottes aniϑ erfleht und tagelang gewartet bis der Priester, dri-kanan, mit dem eintretenden guten Winde ein günstiges Zeichen des Gottes offenbarte. Nun formirten sich die Kanoes in eine die Reiserichtung rechtwinkelig durchschneidende Linie und nahmen gerade so viel Abstand von einander, dass man von jedem Kanoe seinen Nachbarn zur Linken und Rechten noch sehen und sich mit Zeichen verständigen konnte. Zehn bis zwölf Kanoes bildeten auf diese Weise eine Linie von 30 bis 40 Seemeilen und wenn die Reiserichtung nur einigermaassen eingehalten wurde, musste von dem einen oder anderen Kanoe aus das Ziel erblickt werden.

Dass bei solchen Fahrten immerhin eine ganz erhebliche Anzahl von Kanoes verunglückte, oder ihren Bestimmungsort nicht erreichte, ist leicht begreiflich, denn nicht zu allen Reisen zog man 10 bis 12 Kanoes stark aus und die Strömungen in der Südsee sind ganz ausserordentliche (bekanntlich bis 5 englische Meilen in der Stunde). Es sind eine ganze Anzahl zweifelloser Fälle bekannt, dass Marshall-Insulaner nach Pleasant Island und den westlichen Karolinen, auf Distanzen von 1500 Seemeilen verschlagen wurden. Ich selbst habe z. B. von Hongkong aus vier Eingeborene Maiana's nach ihrer Heimath, den Kingsmill-Inseln, zurückgenommen, die auf einer ganz kurzen Fahrt von einer Insel zur andern von einer starken Böe überrascht, vertrieben, in 10 Tagen von dem Strom bis auf 2° südl. Br. und 161° östl. L. (eine Strecke von 750 Meilen) versetzt und daselbst von einem

---

[1]) Vergl. Hernsheim: Beitrag zur Sprache der Marshall-Inseln, 1880, und Friederichsen's Bemerkungen zu den Stabkarten der Marshall-Insulaner in Schmeltz & Krause: Die ethnographisch-anthropologische Abtheilung des Museum Godeffroy pg. 271.

französischen Schiffe bemerkt und halbverhungert an Bord genommen worden waren.

Seitdem der Verkehr europäischer Schiffe in den Marshalls ein so lebhafter geworden, werden Kanoefahrten immer seltener und drei der reichsten Häuptlinge besitzen bereits europäische Schoner. Noch einige Generationen und dem Marshaller wird von der Kunst und Geschicklichkeit seiner seefahrenden Vorfahren nur die Ueberlieferung übriggeblieben sein.

Wie auf sämmtlichen Inseln der Karolinen- und Kingsmill-Gruppe, wie im Bismarck-Archipel, auf Neu-Irland und Neu-Britannien so ist auch auf den Marshall-Inseln der Tanz mit dem religiösen Kultus auf's Engste verwachsen. Er ist immer von Gesang begleitet, zu dem mit den Händen die Trommel, das einzige musikalische Instrument, geschlagen wird. Tanzen die Männer, so bilden die Frauen die Zuschauer und umgekehrt sehen letztere zu, wenn jene aufführen. Die Tänzer kauern meist an der Erde und bewegen zu dem eintönigen Gesang Oberkörper, Arme, Kopf und selbst die Augen rythmisch mit immer grösserer Geschwindigkeit. Der ganze Körper ist über und über mit Oel gesalbt, mit Blüthen und Blumen, Armbändern und Federn geschmückt und glänzt wie neue Bronce. Die Gesänge sind entweder Gebete, in denen um Regen, Nahrung und Fernhalten von verheerenden Naturereignissen gefleht wird, oder das klare Licht des Mondes, die warmen Strahlen der Sonne und andere Herrlichkeiten gepriesen werden, oder aber, es werden kleine Episoden aus dem täglichen Leben erzählt, ein reizendes, harmloses Vergnügen, wenn man zum ersten Male das fremdartige Bild erblickt und den seltsamen einfachen Tönen lauscht, aber ein zur Verzweiflung bringender Lärm, wenn er einem in hellen Mondnächten bis zum Anbruch des neuen Tages von allen Seiten in die Ohren tönt. Man wird deshalb auch die Missionäre kaum tadeln wollen, die diese heidnischen Gesänge verboten haben, würden nur von den Bekehrten nicht mit derselben Beharrlichkeit jetzt christliche Litaneien gesungen.

Es ist ja gewiss ganz besonders schwierig, den ungebildeten Marshallern die erhabenen Wahrheiten der christlichen Religion und namentlich die tröstenden Verheissungen für irdische Leiden begreiflich zu machen, denn Hunger und Kälte, Arbeit und Armuth sind unbekannt; aber auch mit Berücksichtigung dieser Schwierigkeiten muss es auffallen, dass die Erfolge der Bostoner Missionsgesellschaft, die schon 1857 ihre erste Niederlassung auf den Marshall-Inseln gründete und seit einigen Jahren in einem grossen, mit jedem Comfort der Neuzeit ausgerüsteten Dampfer diese Gewässer befährt, heute noch kaum der Rede werth sind. Einer der Hauptgründe für die Misserfolge in den Marshalls liegt wohl darin, dass die amerikanischen Missionäre längst nach den fruchtbareren Inseln der Karolinen übergesiedelt sind und die Belehrung und Erziehung Eingeborenen überlassen haben, welche einen ganz kurzen oberflächlichen Kursus in der zu diesem Zwecke auf Kusaie (Karolinen) errichteten Missionsschule durchgemacht haben. Dass aber solche eingeborene Lehrer nicht lehren und erziehen können, wo sie selbst nichts wissen, liegt auf der Hand. Wollen wir versuchen, ob und was von diesem kleinen Völkchen noch zu retten und zu brauchbaren Mitgliedern der Gesellschaft herangezogen werden kann, wollen wir ihnen, unter deutschem Protektorate mit den Schattenseiten der Civilisation auch die Segnungen derselben zu Gute kommen lassen, so muss für eine Schule gesorgt und die Verbreitung des Christenthums in erprobte Hände gelegt werden.

Die Sprache der Marshaller, dem Stamm nach mit der der Kingsmill und Karolinen wohl identisch, ist von denselben dialektisch doch so verschieden, dass sich die Bewohner der einen Gruppe mit denen der anderen nicht verständlich machen können. Sie ist vokalreich, wohllautend und sehr einfacher Konstruktion. Das Verbum wird z. B. nur durch zwei Silben »ar« und »naϑ« repräsentirt und mit Hülfe dieser drückt man Vergangenheit und Zukunft aus; i naϑmanga: ich werde essen, e ar gigi: er hat geschlafen. Sätze wie z. B. »ich bin sehr ärgerlich« werden durch »elap ao illu,« wörtlich: gross ist mein Aerger, ausgedrückt. Ganz wunderbar entwickelt ist die Pluralform, denn während wir uns mit einem einfachen »wir« begnügen, hat der Marshaller hierfür nicht weniger als neun Formen, denn er unterscheidet:

wir	indefinirt	kim, kiϑ	wenn bei dem »wir« die angeredete Person ausgeschlossen sein soll, denn
»	2	kiϑro	
»	3	kiϑil	
»	4 oder weniger	kiϑiang	
»	alle	kiϑniϑ	

ist dieselbe eingeschlossen, so heisst wir 2 nicht wie oben erwähnt kiϑro, sondern ϑero u. s. w.

Im Uebrigen sind es hauptsächlich Infixe, Suffixe und Affixe, sowie Reduplikationen wodurch der Wortschatz gebildet wird, der begreiflicher Weise ein beschränkter ist. So fehlt z. B. der Begriff und folglich auch das Wort »schön« für Formvollendung. Man hat für seinen Mitmenschen die Prädikate gut = eman, stark = ebin, gross = elap u. s. w., will man aber seinen Gefallen an einer jugendlichen Gestalt Ausdruck geben, so sagt man »engäd«: sie ist wohlriechend.

In den Kriegen der Marshaller ist immer sehr wenig Blut geflossen. Viel Geschrei, einige zerstörte Kokospalmen und 2—3 Todte pflegte das Resultat eines mehrmonatlichen Kriegszuges zu sein. Seitdem nun der Verkauf von Schiesswaffen verboten ist, wird auch diese kleine Zahl Todter in Wegfall kommen, denn die Anfertigung und den Gebrauch der schweren Kriegsspeere hat man längst verlernt.

Wenden wir uns nun nach dieser kurzen Skizze über Vergangenheit und Gegenwart zu denjenigen Faktoren, die für die künftige Entwickelung dieser Inseln in Betracht kommen.

Wie bereits Anfangs erwähnt, besteht das bewohnte und kulturfähige Land nur aus einer Sandschicht, mit der die abgestorbenen Korallen in einer Dicke von 10—15′ bedeckt sind. Humus findet sich nirgends mehr als wenige Zoll dick, und alle Kulturen von Tabak, Zucker, Kaffee und dergl. sind somit von vornherein ausgeschlossen.

Auch versteht es sich eigentlich von selbst, dass Fauna und Flora sehr armselig sind. Den Boden bedeckt ein Schlinggras, das zur Noth einigen Schafen dürftige Nahrung böte. Feuerholz liefert der Salzwasserbusch und während die Banane ein kümmerliches Dasein fristet, scheint dem Melonenbaume der Boden zu genügen. Ein Busch, »loa« genannt, birgt unter seiner Rinde einen zarten, dauerhaften Bast, aus dem Matten, Hüte und Röcke verfertigt werden. Die einheimischen Thiere, soweit sie von dem Laien bemerkt werden, beschränken sich auf eine kleine Eidechse, einige Krabben, einen Schmetterling, die bereits seltene wilde Taube, Strandläufer und Fischreiher; ab und zu verirren sich auch ein paar abgemagerte Zugvögel nach diesen Inseln. Eingeführt sind Schweine, Hühner, Enten, Gänse, Ratten, Katzen und Hunde.

Für Ernährungszwecke bringt der Boden neben der Kokospalme nur den Pandanus, den Brodfruchtbaum und Arrowroot hervor.

Die Frucht der Pandanus enthält zwischen ihren groben Fasern einen zuckerhaltigen gelben Saft, aus dem eine Konserve (ϑenque) hergestellt wird, die dem Geschmacke der getrockneten Feige nicht unähnlich ist. Die Brodfrucht wird in heisser Asche geröstet und schmeckt etwa wie unsere Kartoffel; auch aus ihr versteht man durch Behandlung mit Salzwasser und längeres Kneten einen in Gährung übergehenden Brei (piru) herzustellen, der Monate lang in Gruben aufbewahrt wird und eine sehr beliebte Speise ist. Auf ganz primitive Art wird auf den nördlichen Inseln etwas Mehl aus der Arrowroot gewonnen und in Mattensäcken verpackt unter dem Namen »mogemog« nach den südlichen Inseln verschickt.

Von Bedeutung aber, namentlich was den Werth, die Ertragsfähigkeit und die Zukunft dieser Inseln betrifft, ist lediglich die Kokospalme, deren Anpflanzung nirgends weniger Mühe und Kosten verursacht und die nirgends besser gedeiht, als auf diesem Sandboden in unmittelbarer Nähe des Meeres. Während z. B. die Palmen der südlicher gelegenen Kingsmill- und Ellice-Gruppe häufig in Folge von Regenmangel leiden und geringe Ernte geben, während auf anderen Inseln, wie z. B. Fiji, in Folge jahrelanger Dürre eine grosse Anzahl von Palmen abstirbt, haben die Marshalls stets genügende Feuchtigkeit gehabt.

Die Zubereitung der Kokosnuss für den Export ist eine sehr einfache. Nachdem die reife Nuss aufgeschlagen, wird das etwa fingerdicke weisse Fleisch derselben in kleinen Scheiben herausgeschnitten, auf Matten an der Sonne getrocknet und in diesem Zustande, unter dem Namen Kopra, lose in Schiffsladungen nach Europa befördert. Aus solcher Kopra wird etwa 60% Oel gepresst und die zurückbleibenden Kuchen finden als Viehfutter gute Verwendung. Auch die die Nuss umgebende rauhe Faserhülle ist nicht ohne Werth; aus ihr wird durch Aufweichen und Schlagen das Coir gewonnen, welches zur Herstellung von Fussmatten, Teppichen und Tauwerk verwendet wird.

Allerdings beträgt heute die jährliche Kopraausfuhr von sämmtlichen Inseln der Marshalls nur etwa 2—3000 Tons, was zum europäischen Durchschnittsmarktpreise etwa eine Million Mark repräsentirt.

Durch rationelle Anpflanzung und Ausnützung könnte der Ertrag dieser Gruppe jedoch ausserordentlich gehoben werden, denn so klein die Inseln auch sind, zusammen gerechnet ergeben sie doch immerhin einen Flächeninhalt von etwa 50,000 acres oder 20,000 Hektar, die, wie bereits erwähnt, von nur 8000 Seelen bewohnt sind. Von einem Viertel aber dieses Flächenraums würde sich eine jährliche Ernte von 6—8000 Tons Kopra erzielen lassen und zwar zu einem wesentlich billigeren Einstandspreise, als heute den Eingeborenen im Tauschhandel bezahlt wird.

Der Bedarf solcher ölhaltigen Früchte ist, wie der der Seife, in Europa in steter Zunahme; Marseille allein konsumirt per Jahr etwa 28,000 Tons Kopra und ebensoviel Palmkerne. So lange die Südsee aber billige Arbeitskräfte behält, kann sie mit Indien oder irgendwelchem anderen tropischen Lande vortheilhaft konkurriren, weil die grössere Entfernung der Südseeinseln von dem europäischen Markte mehr als aufgewogen wird durch den durch die Gestalt der Inseln bedingten Wegfall kostspieliger Landfrachten.

Die Verbindung der Marshall-Inseln mit der civilisirten Welt ist zwar noch sehr mangelhaft und beschränkt sich auf die unregelmässigen Fahrten von Segelschiffen zwischen Sydney, Auckland, Samoa, Honolulu und San Francisco einerseits und Jaluit andererseits; doch auch hierin ist bereits eine erfreuliche Besserung eingetreten, und während vor 10 Jahren oft viele Monate vergingen, ohne dass sich in Jaluit irgend ein Schiff sehen liess, ist dieser Hafen im verflossenen Jahre doch schon von 32 Seglern besucht worden, von denen etwa 10 mehr denn 6 mal ein- und ausliefen.

Jaluit ist der beste und geräumigste Hafen der ganzen Marshall-Gruppe und in Folge dieses Umstandes auch die Hauptniederlassung der dort Handel treibenden Firmen; es hat im Süd-Ost, im Nord-Ost und im Westen gute Passagen, so dass Segelschiffe mit jedem Wind ein und aus können.

Seit 1879 Sitz eines deutschen Konsulates, ist nunmehr, nachdem im November vorigen Jahres die deutsche Flagge in der ganzen Gruppe gehisst wurde, ein Kaiserlicher Beamte daselbst eingesetzt worden, um Verwaltung und Gerichtsbarkeit einzurichten. Nicht lange wird es währen und auf eine oder andere Art wird sich ein Anschluss an unsere neugeschaffene deutsche Postlinie herstellen lassen, die dann diese entlegenste deutsche Besitzung mit dem Mutterlande in regelmässige Verbindung bringt.

Ist diese Kolonie im Vergleich mit den Erwerbungen in Afrika auch verschwindend klein und unbedeutend, so haben wir andererseits in derselben weder feindselige wilde Völker, noch tückische Fieber zu fürchten, und statt erst kostspielige Experimente machen zu müssen, kann gleich auf der soliden Basis langjähriger Erfahrung weiter gebaut werden.

Bemerkungen zur Original-Routenkarte der Venezolanischen Cordillere.

Von Dr. **W. Sievers.**

Die dem Jahrgange 1885—86 der »Mittheilungen der Geographischen Gesellschaft in Hamburg« beigegebene Karte der Venezolanischen Cordillere stellt die von mir auf meiner Reise in Venezuela 1884—1885 bereisten Landestheile dar.

Für die bedeutenden Kosten, welche die »Geographische Gesellschaft in Hamburg« zur Herstellung der Karte zu tragen nicht scheute, möchte ich hiermit zunächst meinen besten Dank sagen. Ferner bin ich ganz besonders dem Sekretär der Gesellschaft, Herrn L. Friederichsen verpflichtet, welcher fast ein halbes Jahr lang seine kostbar bemessene Zeit an die Bearbeitung des von mir mitgebrachten Rohmaterials in selbstlosester Weise wandte.

Die Karte ist als eine Routenkarte bezeichnet und giebt wesentlich nur meine Routen in den Jahren 1884/85. Alles ausserhalb der Routen Liegende, alles nicht wirklich Gesehene ist weggelassen. So entbehrt die Cordillere von Mérida sowohl eines Theiles des nördlichen als auch des südlichen Steilabfalles. Es erschien jedoch wünschenswerth, sich streng nur auf das wirklich Untersuchte zu beschränken, um späteren Reisenden die Vervollständigung der Karte zu erleichtern, da nur nach Hörensagen niedergelegte Erdräume wohl in einer allgemeinen Uebersichtskarte nothwendig vorkommen müssen, jedoch in einer strengen Specialkarte meines Erachtens nach nicht zu erscheinen haben; denn nichts führt mehr irre, als die schematische, mehr oder weniger doch stets subjektive Ausfüllung nicht selbst gesehener Gebirgstheile. Aus diesem Grunde glaubten Herr Friederichsen und ich von der ursprünglich beabsichtigten Anfertigung einer allgemeinen Darstellung der Gebirgsstrecken Venezuelas absehen zu müssen und eine solche besser auf spätere Jahre, eventuell nach einer zweiten, die noch nicht besuchten Theile Venezuelas behandelnden Reise, vertagen zu sollen.

Das bisher vorliegende Kartenmaterial über Venezuela reducirt sich auf die 1841 zu Paris erschienene Karte von Venezuela von Codazzi in 4 Blättern in 1 : 1,300,000 und die 1876 herausgegebene verbesserte Auflage derselben Karte von Miguel Tejéra in demselben Maasstabe, ferner auf den Atlas von Venezuela von Codazzi 1840, und auf die englischen und amerikanischen Küstenkarten und Hafenpläne. Die Verbesserungen der Tejéra'schen Karte sind indessen geringfügig und beschränken sich fast ausschliesslich auf die Einzeichnung einer Reihe von neu entstandenen Städten; doch ist z. B. gerade die Cordillere, der jetzige Staat Los Andes, bei dieser Verbesserung ausserordentlich stiefmütterlich bedacht, und grosse Fehler der Codazzi'schen Karte, wie z. B. die irrthümliche Zeichnung der Páramos del Batallon und Portachuelo, sind stehen geblieben. Dahin gehört auch die falsche Lage der Ortschaften Lobatera und Borotá (Constitucion) im Táchira, die unrichtige Zeichnung der Gegend am Rio Quinimarí u. a. m.

Ich war nicht in der Lage, geographische Ortsbestimmungen zu machen und musste mich daher an diejenigen Codazzi's und Boussingault's halten.

Was Codazzi's Ortsbestimmungen betrifft, so sind dieselben in sehr grosser Zahl vorhanden in seinem Werke »Resúmen de la geografia de Venezuela« Paris 1841. Leider findet sich aber nirgends eine Angabe über die Art der Gewinnung dieser Werthe, sodass die Möglichkeit vorliegt, dass sie nur aus der Routenkonstruktion heraus erhalten worden sind. Zudem ergiebt die Vergleichung der Breiten und Längen Codazzi's mit denjenigen Boussingault's und Neuerer namentlich an den Küsten grosse Unterschiede und vor Allem liegt ein Grundfehler in der unrichtigen Bestimmung der Länge von Carácas durch Codazzi, insofern derselbe alle seine Längen auf den Meridian von Carácas bezieht.

Nach Codazzi liegt nämlich Carácas in 67° 4′ 45″ W. v. Gr.

Nach	Raper [1]	liegt	La Guaira in	66° 56′ 30″
»	Ryan [2]	»	»	» 66° 56′ 43″
»	von Kall (S. M. S. Nymphe)	»	»	» 66° 56′ 45″
»	Bedford's Sailors Handbook (1884)	»	»	» 66° 56′ 55″
»	Verzeichniss der Leuchtfeuer aller Meere (Berlin 1887)	»	»	» 66° 56′ 42″
»	West India Pilot, Supplement 1887	»	»	» 66° 57′
»	Codazzi	»	»	» 67° 5′ 45″

[1]) The Practice of Navigation and Nautical Astronomy by Henry Raper, London 1874.

[2]) Annalen der Hydrographie 1877 S. 513.

Nach Codazzi ist also genau eine Minute Unterschied zwischen Carácas und La Guaira. Codazzi weicht also um 9 Minuten von Ryan und Kall in der Bestimmung der Länge La Guairas ab: 67° 5′ 45″ gegen 66° 56′ 43″. Der Grundfehler Codazzi's beträgt also volle 9 Minuten und es sind daher auch alle übrigen Längen Codazzi's im Innern Venezuelas zunächst um 9 Minuten östlicher zu setzen.

Nun aber wechselt das Maass der Fehler Codazzi's gegen Westen zu:

	Codazzi	Raper	Ryan	Verzeichniss der Leuchtfeuer (Berlin)	Fehler Codazzi's
Puerto Cabello..	68° 12′ 35″	68° 0′ 0″	68° 0′ 58″	68° 0′ 31″	ca. 12′
Coro..........	69° 52′ 15″	69° 46′ 0″			» 6′ 15″
Maracaibo	71° 45′ 45″	71° 40′ 0″			» 5′ 45″
Punta Gallinas..	71° 47′ 0″	71° 44′ 0″			» 3′.

Im Allgemeinen vermindert sich also Codazzi's Fehler gegen Westen zu, und man darf annehmen, dass an der Küste Codazzi's Fehler östlich von 69° etwa 9—12′, westlich von 69° etwa 3—6′ beträgt.

Dazu treten nun die Längenbestimmungen Boussingaults aus den zwanziger Jahren [1]), welche anerkanntermaassen sehr unzuverlässig sind. Wir finden:

	Codazzi	Boussingault	Differenz B. gegen C.
Maracai	67° 46′ 5″	67° 27′ 51″	— 18′ 14″
Cura	67° 44′ 45″	67° 12′ 22″	— 32′ 23″
Valencia..........	68° 13′ 47″	67° 47′ 48″	— 26′ 9″
San Carlos........	68° 26′ 36″	68° 28′ 22″	+ 1′ 46″
Barquisimeto......	69° 17′ 17″	69° 12′ 23″	— 4′ 54″
Tocuyo	69° 36′ 20″	69° 42′ 8″	— 5′ 48″
Trujillo..........	70° 6′ 45″	70° 22′ 7″	+ 15′ 22″
Mérida	71° 3′ 5″	71° 5′ 37″	+ 2′ 32″
San Antonio.......	72° 41′ 5″	72° 41′ 52″	+ 0′ 47″
Pamplona.........		72° 59′ 51″	

Die Positionen Boussingault's sind im Osten östlicher, im Westen westlicher als Codazzi's. Bei Valencia dürfte der Fehler beider etwa gleich gross sein, da Valencia zu etwa 68° 2′ (im Verhältniss zu Puerto Cabello 68° 0′ 0″) anzusetzen ist. Im Westen des Landes ist anzunehmen, dass die Längen beider viel zu weit westlich sind.

Wir haben daher von der genauen Einhaltung der Längenbestimmungen sowohl Codazzi's wie Boussingault's abgesehen, und in

---

[1]) Viajes cientificos á los Andes ecuatoriales von J. Acosta. Paris 1849.

ausschliesslicher Rücksichtnahme auf die Routen-Konstruktion folgende Hauptstädte, wie folgt, bestimmt:

Mérida	71° 0′ 0″	Barquisimeto	69° 7′ 0″
Trujillo	70° 5′ 0″	Valencia	68° 2′ 0″
Tocuyo	69° 25′ 0″		

Als Ausgangspunkt wurde Puerto Cabello gewählt.

Wir wollen noch einen Blick auf den Grenzort San Antonio del Táchira werfen.

Codazzi hat San Antonio auf Carácas und Bogotá bezogen.

Codazzi	San Antonio	1° 34′ 30″ O. Bogotá	= 72° 39′ 30″ W. L.
»	» »	5° 36′ 20″ W. Carácas	= 72° 41′ 5″ » »
Boussingault.	» »		72° 41′ 51″ » »

Nun ist aber Codazzi's Grundfehler bei Carácas = 9′, also demnach San Antonio = 72° 32′ 5″ W. L.

Bogotá liegt nach Humboldt-Oltmanns in 74° 14′, nach neueren Bestimmungen aber = a: 74° 7′ 45″ [1]),
b: 73° 43′ 15″.

Wenn also San Antonio nach Codazzi 1° 34′ 30″ O. Bogotá, so ist es im Falle a = 72° 33′ 15″, b = 72° 8′ 45″.

1) Nimmt man das Mittel für Bogotá, so ergiebt sich aus obigen drei Werthen (Humboldt-Oltmanns, a und b) .... 74° 1′ 40″
2) Nimmt man Mittel aus a und b, so ergiebt sich .... 73° 55′ 30″
3) » » » » Humboldt und a, so ergiebt sich 74° 10′ 52.5″
4) » » » » » » b, » » » 73° 58′ 37.5″

Daraus würde folgen, wenn San Antonio 1° 34′ 30″ O. Bogotá:
San Antonio = 1) 72° 27′ 10″, 2) 72° 21′ 0″
3) 72° 36′ 22.5″ 4) 72° 24′ 7.5″.

Ich habe wegen der grossen Verschiedenheit dieser Werthe keinen derselben acceptirt, sondern der Konstruktion der Route gemäss San Antonio zu 72° 31′ 0″ angesetzt.

Aeltere Längenbestimmungen für Carácas entnehme ich einer venezolanischen Publikation [2]). Danach ist Carácas nach:

Practical Navigator by Bowditch 1817 .... 66° 57′ 00″
Encyclopaedia britanica (Ree's) 1819 .... 66° 26′ 00″

1) Die auf Bogotá bezüglichen Werthe verdanke ich der Güte des Herrn Dr. A. Hettner, Privatdocenten in Leipzig.

2) Revista cientifica del colegio de ingenieros de Venezuela año I 1862, Heft 3. (5. Febr. 1862).

Colombia Navigator by John Purdy............	67° 00′ 55″
Notes on Colombia by an Officer of the United States Army (Carey and Lea)............	67° 06′ 00″
Diccionario geográfico de Mac Culloch 1841......	66° 55′ 00″

Die Revista cientifica del colegio de ingenieros giebt 66° 45′ 45″, was entschieden falsch ist. Mac Culloch's Werth dürfte richtiger sein, besser noch Bowditch.

Die Breitenbestimmungen Codazzi's und Boussingault's sind vertrauenswerther.

	Codazzi	Raper	Ryan	West-India Pilot I. (1887)
La Guaira.......	10° 36′ 15″	10° 36′ 7″	10° 36′ 49″	10° 36′
Carácas..........	10° 30′ 50″	10° 30′ 0″		
Puerto Cabello ...	10° 29′ 10″	10° 29′ 4″	10° 29′ 22″	10° 30′
Coro	11° 24′ 30″	11° 24′ 0″		
Maracaibo	10° 41′ 0″	10° 41′ 0″		

Während also an der Küste die Unterschiede sehr gering sind, treten sie im Innern schon in den Karten Boussingault's gegenüber Codazzi stärker hervor.

	Codazzi	Boussingault	Bouss. gegen Cod.
Maracai	10° 16′ 0″	10° 15′ 58″	— 0° 0′ 2″
Cura	10° 2′ 45″	10° 3′ 44″	+ 0° 0′ 59″
Valencia............	10° 10′ 11″	10° 10′ 34″	+ 0° 0′ 23″
San Carlos..........	9° 30′ 20″	9° 40′ 10″	+ 0° 9′ 50″
Barquisimeto........	9° 54′ 15″	9° 54′ 35″	+ 0° 0′ 20″
Tocuyo	9° 24′ 39″	9° 15′ 51″	— 0° 8′ 48″
Trujillo............	8° 51′ 0″	8° 59′ 36″	+ 0° 8′ 36″
Mérida	8° 10′ 0″	8° 16′ 00″	+ 0° 6′ 0″
San Antonio	7° 32′ 25″	7° 42′ 48″	+ 0° 10′ 23″
Pamplona............		7° 17′ 3″	

Es besteht danach ein sehr grosser Unterschied bei San Carlos, Tocuyo und Trujillo. Wir haben in allen Fällen die Breiten Boussingault's acceptirt, nur Trujillo liegt in unserer Karte etwa zwei Minuten südlicher. Was San Antonio betrifft, so hat Dr. Hettner durch die Konstruktion seiner Route von Bogotá aus 7° 42′ 50″ erhalten, was gut zu Boussingault's Bestimmung und meiner Route passt. Dagegen vermag ich in Bezug auf die Lage Pamplona's nicht mit Hettner (7° 18′ 30″) und Boussingault (7° 17′ 3″) übereinzustimmen; es ergiebt sich aus meiner Route eine nördlichere Lage der Stadt; etwa 7° 21′; doch ist gerade meine Route Cúcuta—Pamplona unsicher, da ein enges Flussthal die Uebersicht verhinderte; es mag daher wohl Hettner's Werth der bessere sein. Für San José de Cúcuta stimme ich wieder mit Hettner annähernd überein; letzterer setzt Cúcuta in 7° 47′ 30″.

Unter Zugrundelegung der Breiten Boussingaults habe ich meine Route konstruirt, welche nur auf Bestimmungen mittelst Kompass und Uhr beruht.

Unsere Karte der Cordillere versucht nun ein genaueres Bild des Gebirges zu geben, als vordem zur Darstellung gelangte; das Material, welches in ziemlich reichem Maasse vorlag, ist von Herrn Friederichsen zu einer Hauptkarte und zwei Nebenkarten verarbeitet worden; die Nebenkarten stellen die Secciones Táchira und Guzmán (Mérida) in ihren wichtigsten Theilen dar und greifen gut in einander, indem die erstere östlich bei Santa Cruz de Mora endigt und die letztere dort beginnt. Auf diese Weise sind beinahe zwei Drittheile der Cordillere in dem Maasstabe von 1:400,000 dargestellt worden; leider konnte die dritte Seccion des Andenstaates, Trujillo, nicht specieller dargestellt werden, da der Raum es nicht gestattete. Doch liegt für diese noch ein ebenso grosses Specialmaterial vor, wie für die übrigen Secciones, und wir hoffen bei Gelegenheit auch Trujillo genauer darstellen zu können. Von El Tocuyo aus nach Osten zu sind meine Aufnahmen weniger zuverlässig, da in Lara (Barquisimeto) Wahlunruhen blutiger Art das Reisen unmöglich machten, der Yaracui ebenfalls kriegerisch bewegt war und auf das Gebirge östlich des Yaracui bis nach Carácas von vorneherein weniger Werth gelegt wurde, da der Hauptzweck der Reise die Untersuchung der Cordillere war. Ich habe mir erlaubt für das Gebirge östlich des Yaracui die Bezeichnung Karibisches Gebirge einzuführen, da ein einheitlicher Name für dasselbe fehlt und der Name »Venezolanisches Küstengebirge« schon durch den nördlichen Zweig des Gebirges selbst, die Cordillera costanera, vorweggenommen wird. Die Schreibart »Karibisch« ist der »Caribisch« oder gar »Caraibisch« vorgezogen worden, da das Volk der Kariben jetzt ganz allgemein mit K geschrieben wird.

Die Grenzen der einzelnen Staaten sind nicht eingetragen worden, da es an Specialkarten fehlt, die dieselben genau znm Ausdruck bringen. Die Grenze zwischen Táchira und Mérida verläuft in der Linie Páramo Portachuelo—Páramo del Batallon—Pregonero. Die Grenze Mérida—Trujillo zieht vom Páramo Mendoza in SSO gegen die Callejones am Rio Santo Domingo. La Mesa gehört noch zu Trujillo, Las Piedras, Pueblo Llano, Timótes zu Guzmán (Mérida). Die Grenze Trujillo—Lara fällt mit der Reihe von Páramos (Jabón—Hato Arriba) zusammen. Die Senke am Yaracui—Cojedes bezeichnet die Grenze zwischen Lara und Carabobo. Guzmán Blanco beginnt bei Maracai.

Die Grenze gegen Carabobo geht quer durch den See von Valencia. Der Llanos-Staat Zamora beginnt mit einer Linie Rio Caparro—Altamira am Rio Santo Domingo—Sabana Biscucui am Rio Guanare. Die Hauptstädte der Staaten und Sektionen sind durch die Schrift kenntlich gemacht. Die Namen der Sektionen sind weggelassen worden, weil auch für die Abgrenzung dieser kein zuverlässiges Material vorliegt.

Diejenigen Höhen, welche nur geschätzt sind, wurden durch Haarschrift von den gemessenen unterschieden: die von M. Frohberg ausgeführte Berechnung der Höhen findet sich in diesem Jahrgange der Mittheilungen Seite 236.

Die Höhen der Küstenkette Venezuelas sind von Herrn Alfredo Jahn hijo in Carácas gemessen und uns freundlichst zur Verfügung gestellt worden. Herr Jahn, dem ich hierdurch besten Dank ausspreche, hat eine grosse Anzahl Höhen aus dem Karibischen Gebirge im Almanaque Anuario de Rójas Hermanos 1886 veröffentlicht. Herrn Jahn verdanke ich auch die Bezeichnung der Gipfel nördlich und südlich von La Victoria, welche sowohl in der Höhe wie in der Nomenklatur erheblich von Codazzi abweichen. Die mit Fragezeichen bezeichneten Höhen stammen von Codazzi.

Die Grenze des alten Seebodens des Tacarigua-See's ist im Osten und Norden gesichert, im Südwesten hypothetisch.

Die Eisenbahnen Carácas—La Guaira, Carácas—Valle und Puerto Cabello—Valencia sind nach Plänen im Almanaque anuario Carácas 1883—1886 und nach Nebenkarten auf der Karte Venezuelas im Statistischen Jahresbericht für 1883, welche nebenbei bemerkt vollständig unbrauchbar ist, gezeichnet. Die Linie Puerto Cabello ist als im Betrieb dargestellt, da jedenfalls die ersten Monate des Jahres 1888 die Vollendung der Bahn sehen werden, welche bereits über das Gebirge fortgeschritten ist. Die Linie Puerto Villamizar—Cúcuta ist im Januar 1887 eröffnet worden; ferner ist eine Linie von La Ceiba am Maracaibo-See nach Sabana de Mendoza unterhalb Betijoque in Trujillo im Bau. Projektirt sind ferner die Linien La Luz—Barquisimeto, Puerto Cabello - Yaracui—Agua Blanca am Rio Sarare, Carácas—Teques—Victoria—Südufer des Valencia Sees—Llanos; und Victoria-Valencia einerseits, Victoria—Tuy—Santa Lucía andererseits; Santa Lucía—Carácas ist im Bau. Die spärlichen Fahrstrassen sind in der Karte hervorgehoben; bei Tocuyo endet die Strasse durch Lara, welche von Barquisimeto nördlich nach La Luz, Endpunkt der Bahn Tucacas—Aroa führt. Neu sind die Fahrstrassen Tocuyo—Barquisimeto, Nirgua—Miranda—Valencia, Villa de Cura—San Juán.

Eingegangen ist die Fahrstrasse La Guaira—Carácas infolge Eröffnung der Eisenbahn; derjenigen von Puerto Cabello nach Valencia steht dasselbe Schicksal bevor; ob auch die Fahrstrasse Cúcuta—Puerto Villamizar aufgegeben ist, weiss ich nicht. Ferner existirt eine Strasse San Carlos—San Rafael und San Carlos—Tinaquillo—Valencia, welche ich nicht näher kenne und daher ausgeschlossen habe; die Fahrstrasse am Rande der Llanos (San Carlos Acarigua) setzt sich bis Guanare fort. Diejenige von Barquisimeto nach Acarigua ist in sehr üblem Zustande.

Die Lage der Stadt Montalbán vermag ich nicht weiter zu präcisiren.

Die Grösse der Städte und Dörfer ist auf der Hauptkarte nach drei Kategorien (unter 1000, 1000—10,000, über 10,000), auf den Nebenkarten nach fünf Kategorien (unter 500, 500—1000, 1000—2000, 2000—3000, 3000—5000) eingetheilt worden. Diese Zahlen beruhen durchaus auf meinen eigenen Schätzungen und sehr wenigen wirklichen Zählungen, deren Zuverlässigkeit nicht gross ist. Die beigefügte Abhandlung über den Census giebt die Begründung dieser Eintheilung.

Hoffentlich trägt die Karte dazu bei, die falschen Grössenverhältnisse der Städte auf den Karten zu berichtigen. Auf Stieler's Atlas, Blatt 82 und 90 findet sich z. B. Rosário de Cúcuta als eine grosse Stadt, San José de Cúcuta als kleiner Ort angegeben, das Verhältniss ist genau das entgegengesetzte; die grosse Stadt ist San José, gewöhnlich Cúcuta genannt, dagegen ist Rosário gänzlich heruntergekommen und sogar viel weniger bedeutend als San Antonio. Ebenso werden Tocuyo und Quibor gewöhnlich mit gleichen Ortszeichen und gleicher Schrift dargestellt, während Tocuyo eine grosse Stadt, Quibor ein zerfallener Landort ist. Ganz neu entstandene Städte sind Bejuma, Miranda in Carabobo, La Plazuela in Trujillo, Rubio im Táchira, Capacho Nuevo daselbst. Acarigua ist sehr angewachsen, ebenso Valera in Trujillo und Tovar; verfallen sind Barínas, San Carlos, Rosário de Cúcuta, Bailadores.

Census von Venezuela.

Ein besonders schwieriges Kapitel in der Darstellung der Bevölkerungsverhältnisse der meisten südamerikanischen Republiken ist der Census. Allerdings ist die Bevölkerung der Cordillere in sofern nicht schwer zu eruiren, als das gesammte Gebirgsland bis an die Páramos Jabón, Rosas, Agua de Obispo zu einem gemeinsamen Staate Los Andes gehört, welcher früher in die drei Staaten Trujillo,

Guzmán und Táchira zerfiel, welche nunmehr in Sektionen des Hauptstaates verwandelt worden sind. Darin also liegt keine Schwierigkeit, wohl aber in der Unzuverlässigkeit der Zahlen. Dass eine wirkliche Volkszählung in Venezuela nicht stattgefunden haben kann, liegt klar auf der Hand für jeden, welcher die Verhältnisse des Landes auch nur einigermassen kennt. Als Guzmán Blanco 1874 allgemeine statistische Aufnahmen über das Land anordnete, wurde zwar einiges geleistet, allein wenn wir z. B. in den »Apuntes estadisticos del Estado Guzmán« sehen, wie äusserst verschieden die einzelnen Distrikte darin behandelt sind, wie z. B. über das wichtige Departement von Továr fast garnichts Brauchbares beigebracht ist, wenn wir ferner in den »Apuntes estadisticos del Estado Barquisimeto« S. 333 die Notiz finden: Das statistische Amt hat über dieses Departement (das von Cabudare), welches aus den vom alten Kanton Barquisimeto abgegrenzten Kirchspielen Cabudare, Rastrojo, Sarare, Buría und Altar gebildet ist, keinerlei Daten erhalten können — so wissen wir sogleich, dass man nur mit der allergrössten Vorsicht an diese Publikationen herantreten darf.

In der That muss man südamerikanischen Zahlenangaben (vielleicht mit Ausnahme derjenigen Chile's und Argentinien's) gegenüber sich sehr skeptisch verhalten, und dass wir auch in diesem Falle guten Grund dazu haben, sehr grosse Zweifel in die gebotenen Zahlen zu setzen, zeigt ein einfacher Vergleich der Gesammtzahl der Bevölkerung im Staate Los Andes in den Jahren 1873 und 1881.

Die dem Umfange des jetzigen Staates Los Andes vollkommen entsprechenden Staaten Trujillo, Guzmán und Táchira hatten in 1873 108,672, bez. 67,849, bez. 68,619, zusammen 245,140 Einwohner [1]). Der Census von 1881 weist aber für dieselben Staaten 293,108 Einwohner auf [2]), also um 47,968 Seelen mehr als 1873, was demnach einem Zuwachs von mehr als zwei Drittel der gesammten Bevölkerung des Staates Guzmán gleichkommt. Dass eine solche fast 20 % betragende Zunahme in acht Jahren, obendrein bei völligem Mangel an Einwanderung, völlig unmöglich ist, liegt klar auf der Hand. Welcher Zahl soll man nun folgen? Ich möchte mich für die frühere von 1873 eher entscheiden als für die neuere von 1881; denn es kommt leider ein Moment hinzu, welches die gesammten statistischen Erhebungen

---

1) Ap. Estad. Trujillo S. 104, Guzmán S. 34, Táchira S. 86.

2) El segundo Censo de la República. Carácas 1881. Rójas, Anuario del commercio de Venezuela 1886: S. 55 giebt für 1883 gar 301,420 an. Ich verdanke erstere Publikation der Güte der Herren G. H. & L. F. Blohm in Hamburg, welchen ich zu grossem Danke für die Ueberlassung des »Censo« verpflichtet bin.

beeinträchtigt, nämlich der Wunsch der Regierung, möglichst alles in rosigstem Lichte darzustellen und stets eine möglichst hohe Zahl als Beweis des Fortschritts und Aufschwungs des Landes heraus zu rechnen.

Auf diese Weise ist z. B. die unter dem Titel: »Statistischer Jahresbericht über die Vereinigten Staaten von Venezuela« Carácas 1884 herausgegebene Karte und Statistik der Republik durchaus zweifelhaften Werthes und ebenso der jährlich von Rójas Hermanos in Carácas herausgegebene »Anuario del Comercio«.

Wenn z. B. in dem »Anuario«, welcher jetzt in Venezuela grosse Verbreitung, das heisst unter der gebildeten Bevölkerung, besitzt, die Zahlen für einzelne Städte ganz ungeheuer hoch angegeben werden, so kann man das nur als eine Entstellung der Wahrheit betrachten; denn die Herausgeber des »Anuario« wissen ebenso gut wie der Verfasser dieser Zeilen, dass die Regierung die Zahlen für die Distrikte zählt, und nicht für die Stadtgemeinden, auf die es aber hier ankommt. Wenn z. B. im »Anuario« Seite 418 der Stadt La Grita 10,500 Einwohner, Seite 427 Trujillo 10,000, Seite 425 Táriba 8000 Bewohner gegeben werden, so kann man das nur geradezu als puren Unsinn erklären. In dem Census von Trujillo 1873 hat der Distrikt der beiden Kirchspiele Matriz und Chiquinquirá, welche die Stadt Trujillo zusammensetzen, 7459 Einwohner in 608 Häusern; aber es ist ausdrücklich angegeben, dass die Stadt selbst nur 2648 Einwohner in 325 Häusern besitze.

Sollte nun vielleicht die Stadt Trujillo von 1873—1881 um 7452 Einwohner, das heisst fast um das Dreifache der Zahl von 1873, also um fast 300 % zugenommen haben? Nicht einmal für den Distrikt kann man ein Anwachsen von 7459 auf 10,000 Einwohner binnen 7 Jahren annehmen; es wäre das eine Zunahme von rund 33 %. Der Distrikt von La Grita hatte 1873 8880 Einwohner; jetzt soll 1881 die Stadt allein 10,000 haben. Noch lächerlicher werden diese Zahlen, wenn man kleinere Orte annimmt; z. B. soll San Jacinto bei Trujillo nach dem »Anuario« S. 422: 3100 (!!!) Bewohner zählen, wonach 100 Bewohner auf ein Haus kommen würden; denn San Jacinto hat höchstens 30 Häuser; seine wirkliche Einwohnerzahl dürfte höchstens 200 Seelen betragen. Wenn das gleich darauf erwähnte San Lázaro 1000 Einwohner besitzt, so dürfte es viel sein; allein das »Anuario« giebt diesem Städtchen 3500 Einwohner.

Ebenso ertheilt die Regierungspublikation Seite 7 der Stadt Tocuyo 15,383; Mérida 10,747 und gar dem verfallenen San Carlos 10,741 Einwohner; Barquisimeto soll gar 28,000, La Guaira mit

Maiquetia 14,000 Einwohner besitzen. Das ist alles vollkommener absoluter Unsinn.

Indess lässt sich soviel daraus ersehen, dass die gegebenen Zahlen für die Städte vollständig falsch sind, und sich wohl meist auf die Distrikte beziehen. Jedermann aber, der Venezuela kennt, weiss, dass die auf dem Lande sitzende Bevölkerung diejenige der Städte weit überwiegt, weil eben der Landbau, namentlich Kaffeebau, die Grundlage der gesammten socialen Verhältnisse des Landes bildet; wenn also ein Distrikt 10,000 Einwohner hat, so kann man dreist 5000, wenn nicht 7000 oder 8000 auf die Landansiedlungen und kleinen Häusergruppen, Haciendas, Viehhöfe rechnen, sodass für die Städte selbst wenig übrig bleibt. Leider sind wir nicht in der Lage zu sagen, ob bei dem Census für 1881 die Unterscheidung der Bewohnerschaft der Städte von derjenigen der Distrikte für die Cordillere durchgeführt worden ist, da uns der Census von 1881 nicht in speciellen, sondern nur in allgemeinen Zahlen vorliegt. Diese Unterscheidung ist für Trujillo für das Jahr 1873 vorhanden, und hier sind wir in der Lage, eine ungefähre Rechnung aufzustellen, wieviel im Mittel von der Distriktszahl abzuziehen ist, um auf die Einwohnerzahl der Städte zu gelangen. Wir finden hier nämlich folgende sechs Distriktshauptstädte genauer nach deren Bevölkerung angegeben:

	Distrikt	Stadt	Divisor	Stadt. Anuario für anno 1881	zu hoch
Trujillo	7 459	2 648	$2^3/_4$	10 000	ca. $3^1/_2$ mal
Escuque	4 280	1 615	$2^1/_2$	—	
Boconó	10 982	2 011	$5^1/_2$	12 500	ca. 5 mal
Carache	6 660	1 465	$4^1/_2$	8 000	ca. 5 mal
Valera	3 297	1 294	$2^1/_2$	—	
Betijoque	5 683	1 945	3	5 000	ca. $2^1/_2$ mal

Leider können wir die Aufzählung nicht fortsetzen; doch glaube ich, dass die gefundenen Fehler genügend gross sind, um jegliches Vertrauen in die nach dem Vorgange der Regierung gemachten Angaben des »Anuario« zu zerstören.

Für die Gesammtbevölkerung der Cordillere giebt Codazzi für 1837 106,904 Seelen an, und zwar für die Provinz Mérida (das heutige Guzmán und Táchira zusammengenommen) 62,116, für Trujillo 44,788, wonach damals die Cordillere etwa $^1/_9$ der Bevölkerung Venezuelas ausmachte, wenn man diese letztere mit Codazzi [1]) zu 945,348 Seelen

[1]) Codazzi 242.

annimmt. Heute veranschlagt man die Bevölkerung Venezuelas zu 2,121,988 Einwohner, wovon also die Bevölkerung der Cordillere mit 301,420 etwa der siebente Theil sein würde, sodass also die Bevölkerung der venezolanischen Anden sich relativ stärker vermehrt hätte, als die des übrigen Venezuela.

Einzeldaten liegen nur für Trujillo vor; Ap. Estad. S. 99. Danach soll die Bevölkerung Trujillos betragen haben:

1786	1800	1825	1842	1856	1873
13 515	17 486	34 976	44 788	106 215	108 672

Daraus ersieht man, dass die Bevölkerung von 1800—1825 um 100 %, 1825—1850 etwa um ebenfalls 100 %, 1850—1856 um 50 %, 1856—1873 um kaum 2 % stieg. Um 1850 erhielt Trujillo Gebiets- und Bevölkerungszuwachs durch die Ortschaften La Ceiba, Ceibita, Democracia am Maracaibo-See, wodurch 6000 Seelen neu hinzutraten. Auffallend ist eben jedenfalls der äusserst langsame Zuwachs der Bevölkerung von 1856—1873.

Obwohl nun die Zahlen für die einzelnen Distrikte der Cordillere doch auch nicht zuverlässig sind, so wollen wir dennoch die Distriktszahlen hier anführen, um wenigstens ein Bild der relativen Grösse derselben zu geben.

Census von 1873.

A. Trujillo.

Departemento	Kirchspiel	1873	
Trujillo	Matriz (Trujillo)	4 005	7459
	Chiquinquirá (Trujillo)	3 454	
	Santana	5 688	
	San Lázaro	4 707	
	Pampan	2 422	
	Burrero	2 387	
	San Jacinto	2 371	
	Pampanito	2 254	
	Monai	531	
		27 819	
Ecuque	Escuque	4 289	
	Sabana Libre	1 566	
	Union	1 730	
	Monte Carmelo	1 590	
		9 175	

Departemento	Kirchspiel	Einwohner
Boconó	Boconó	10 982
	San Miguel	3 374
	Tostós	3 347
	Niquitao	3 196
	Campo Elias	2 052
	Burbusai	1 433
	General Rivas (Mesitas)	1 370
		25 754
Carache	Carache	6 660
	Cuicas	4 643
	Bolivia	3 379
	Concepcion	2 418
	Chejendé	2 408
		19 508

Departemento	Kirchspiel	Einwohner
Valera	Valera	3 297
	Mendoza	3 352
	Quebrada Grande	3 059
	Jajó	2 542
	Puerta	2 130
	Mesa de Esnojaque	1 514
	S. Rafael de Carbajál	1 177
	Sabana Larga	950
	Motatán	872
		18 893
Betijoque	Betijoque	5 683
	Ceibita	805
	Ceiba	279
	Libertad	756
		7 523

Gesammtsumme:

	Departemento.	Einwohner
Sección Trujillo	Trujillo	27 819
	Escuque	9 175
	Boconó	25 754
	Carache	19 508
	Valera	18 893
	Betijoque	7 523
	Sección Trujillo:	108 672

B. Mérida (Guzmán).

Departemento	Kirchspiel	Einwohner
Libertadór	Sagrario } Mérida.	2 063
	Milla } Mérida.	3 638
	Llano } Mérida.	4 026
	Tabai	2 360
	Mucurubá	1 351
	La Punta	2 141
	El Morro	1 496
	Mucuchachí	1 179
	Aricagua	996
	Libertad (Canaguá)	1 428
	Mucutui	709
		21 387
Campo Elias	Ejido	3 222
	Montalban	2 371
	Mesa	1 647
	Jají	2 160
	Acequias	1 393
		10 793

Departemento	Kirchspiel	Einwohner
Sucre	Lagunillas	3 071
	Pueblo Nuevo	2 821
	San Juan	1 327
	Chiguará	2 453
		9 672
Továr	Továr	5 193
	Mora (Sta. Cruz)	3 970
	Zea	1 504
		10 667
Ranjél	Mucuchies	2 164
	Santo Domingo	573
	Las Piedras	979
	Torondoi	643
		4 359

Departemento	Kirchspiel	Einwohner
Rivas Dávila	Bailadores	3 654
	Guaraque	2 372
		6 026
Miranda	Timotes	2 097
	Pueblo Llano	1 019
	Palmira	1 107
	Chachopo	722
		4 945

Gesammtsumme:

	Departemento.	Einwohner
Sección Guzmán (Mérida)	Libertadór	21 387
	Campo Elias	10 793
	Sucre	9 672
	Továr	10 667
	Ranjél	4 359
	Rivas Dávila	6 026
	Miranda	4 945
	Sección Guzmán (Mérida)	67 849

C. Táchira.

Departemento	Kirchspiel	Einwohner
San Cristóbal	San Cristóbal	11 909
	Rubio	6 124
	Capacho Viejo	7 000
		25 033
Entrena	La Grita	8 880
	Pregonero	3 886
	San Pedro de Seboruco	2 227
	Rosario de Quiniquea	2 318
	Vargas (Cobre)	1 734
		19 025
San Antonio del Táchira	San Antonio del Táchira	4 762
	Ureña	1 676
		6 438

Departemento	Kirchspiel	Einwohner
Táriba	Táriba	6 880
	Palmira (Guásimo)	2 170
		9 050
Rójas	Michelena	4 003
	San Juán de Colón	1 738
		5 741
Lobatera	Lobatera	2 311
	Constitución	1 021
		3 332

Gesammtsumme:

	Departemento.	Einwohner
Sección Táchira	San Cristóbal	25 033
	Entrena	19 025
	San Antonio del Táchira	6 438
	Táriba	9 050
	Rójas	5 741
	Lobatera	3 332
	Sección Táchira	68 619
Gran Estado de los Andes	Sección Trujillo	108 672
	Sección Gúzman (Mérida)	67 849
	Sección Táchira	68 619
	Staat Los Andes:	245 140

Census von 1881.

I. Trujillo.

Departemento	Kirchspiel	Einwohner
Trujillo	Matriz (Trujillo)	6 027
	Chiquinquirá (Trujillo)	3 533
	(Trujillo zusammen)	9560
	San Lázaro	6 392
	San Jacinto	3 085
	Santa Ana	6 031
	Pampanito	2 535
	Pampan	3 263
		30 866
Carache	Carache	7 651
	Cuicas	5 427
	Candelaria	3 690
	Bolivia	4 634
	Concepción	2 717
		24 119
Valera	Valera	6 013
	Mendoza	3 789
	S. Rafael de Carbajál	2 105
	La Puerta	1 273
		13 180
Boconó	Boconó	12 296
	Tostós	3 779
	Niquitao	3 355
	Burbusai	1 635
	General Rivas (Mesitas)	1 594
	San Miguel	3 664
	Campo Elias (El Morro)	3 132
		29 455

Departemento	Kirchspiel	Einwohner
Betijoque	Betijoque	7 231
	Libertad (Isnotú)	1 225
	Ceiba	894
	Ceibita	625
	Democracia	752
		10 727
Escuque	Escuque	5 569
	Sabana Libre	2 221
	Unión	2 007
	Monte Carmelo	2 050
		11 847
Guzmán Blanco	Quebrada	3 228
	Jajó	3 226
	La Mesa	1 810
	Burrero	2 948
		11 212

Gesammtsumme:

	Departamentos.	Einwohner
Sección Trujillo	Trujillo	30 866
	Boconó	29 455
	Carache	24 119
	Betijoque	10 727
	Valera	13 180
	Escuque	11 847
	Guzmán Blanco	11 212
	Sección Trujillo	131 406

2. Guzmán (Mérida).

Departemento	Kirchspiel	Einwohner
Libertadór	Sagrario } Mérida	2 323 } 10747
	Milla } Mérida	4 005 } 10747
	Llano } Mérida	4 419 } 10747
	Punta	2 480
	Tabai	2 448
	Mucurubá	1 379
	Morro	1 872
	Aricagua	1 234
	Mucutui	828
	Mucuchachí	1 242
	Libertad (Canaguá)	1 746
		23 976
Ranjel (Pulido)	Mucuchies	2 683
	Santo Domingo	650
	Las Piedras (Valparaiso)	1 028
	Torondoi	1 380
		5 741
Továr (Machado)	Továr	6 127
	Zea	1 449
	Mora	4 457
		12 033

Departemento.	Kirchspiel	Einwohner.
Miranda	Timótes	2 130
	Chachopo	770
	Pueblo Llano	1 149
	Palmira	1 341
		53 90
Campo Elias	Matriz } Ejido	2 998 } 5930
	Montalban } Ejido	2 932 } 5930
	La Mesa	1 653
	Jají	2 329
	Acequias	1 843
		11 755
Sucre (Colina)	Lagunillas	3 792
	San Juan	1 496
	Pueblo Nuevo	4 072
	Chiguará	2 971
		12 331
Rivas Dávila	Bailadores (Villa Paez)	4 021
	Guaraque	2 934
		6 955

Gesammtsumme:

	Departementos.	Einwohner
Sección Guzmán (Mérida)	Libertadór	23 976
	Miranda	5 390
	Campo Elias	11 755
	Ranjel	5 741
	Sucre	12 331
	Továr	12 033
	Rivas Dàvila	6 955
Sección Guzmán (Mérida)		78 181

3. Táchira.

Departemento	Kirchspiel	Einwohner
San Cristóbal	San Cristóbal	13 713
	Capacho Viejo (Libertad)	4 243
		17 956

Departemento	Kirchspiel	Einwohner
Junín	Rubio	8 466
	Capacho Nuevo (Independencia)	3 713
		12 179

Departemento	Kirchspiel	Einwohner
Cárdenas	San Antonio del Táchira	6 592
	San Juan de Ureña	1 330
		7 922
Bolívar	Tariba	7 310
	Palmira(Guácimos)	2 570
		9 880
Lobatera	Lobatera	3 367
	Borotá (Constitución)	1 407
		4 774

Departemento	Kirchspiel	Einwohner
Ayacucho	Michelena	5 300
	Colón (Llanos de San Juán)	2 201
		7 501
Vargas	La Grita	10 296
	Queniquea (Sucre)	2 991
	El Cobre (Vargas)	2 013
	San Pedro de Seboruco	3 001
	Pregonero	5 008
		23 309

Gesammtsumme:

	Departemento	Einwohner
Sección Táchira	San Cristóbal	17 956
	Junín	12 179
	Cárdenas	7 922
	Bolívar..........	9 880
	Lobatera	4 774
	Ayacucho	7 501
	Vargas	23 309
	Sección Táchira..	83 521

Gran Estado de los Andes.

	Departemento.	Einwohner.
Staat Los Andes	Sección Trujillo ...	131 406
	Sección Guzmán(Mérida	78 181
	Sección Táchira ...	83 521
	Staat Los Andes: ..	293 108

Was nun die Bevölkerung der hauptsächlichsten Städte betrifft, so finden wir folgende Reihe:

A. Trujillo.

Gesichert.				Geschätzt.			
1.	Trujillo	2648	Einwohner	7.	Mendoza	1000	Einwohner
2.	Boconó.........	2011	»	8.	Santana	1000	»
3.	Betijoque... ...	1945	»	9.	San Lazaro.....	1000	»
4.	Escuque	1615	»	10.	Quebrada	900	»
5.	Carache........	1294	»	11.	Chejendé	900	»
6.	Valera	1465	»	12.	Cuicas..........	800	»

13. Plazuela........ 800 Einwohner
14. Jajó .... 700 »
15. Pampan........ 700 »
16. El Burrero..... 700 »
17. Pampanito...... 600 »
18. Niquitao........ 600 »
19. Tostós .... 600 »
20. San Miguel .... 600 »
21. Bolivia......... 600 »
22. Concepción ..... 600 »
23. Campo Elias (Morro)....... 500 »
24. Burbusai .... 500 Einwohner
25. Mesitas (General Rivas)........ 400 »
26. Mesa de Esnojaque......... 400 »
27. Puerta......... 400 »
28. San Rafael de Carbajál........ 400 »
29. Monte Carmelo . 300 »
30. Sabana Larga .. 300 »
31. Motatan .... 300 »
32. Monai.......... 300 »

B. Merida (Guzmán)

geschätzt.

1. Mérida.......... 5000 Einwohner
2. Ejido .... 3000 »
3. Továr........... 2000 »
4. Lagunillas .... 1500 »
5. Timotes .... 1000 »
6. Mucuchies .... 1000 »
7. Bailadores .... 1000 »
8. Tabai .... 900 »
9. Guaraque........ 800 »
10. La Punta........ 800 »
11. San Juán........ 700 »
12. Chiguará .... 700 »
13. Santa Cruz de Mora 700 »
14. Mucurubá........ 600 »
15. Zea .... 500 »
16. Las Piedras...... 500 »
17. Pueblo Nuevo.... 400 »
18. Jají .... 400 »
19. Pueblo Llano.... 400 »
20. La Mesa .... 300 »
21. Chachopo .... 300 »
22. Santo Domingo .. 300 »
23. Acequias........ 250 »
24. Mucutui .... 200 »
25. Canaguá (Libertad) 200 »
26. Los Nevados..... 150 »
27. Mucuchachí ...... 150 »
28. Aricagua .... 100 »
29. El Morro........ 100 »
30. San Rafael ...... 60 »

C. Táchira

geschätzt.

1. San Cristóbal .... 3500 Einwohner
2. La Grita .... 2500 »
3. San Antonio del Táchira.......... 2000 »
4. Rubio .... 2000 »
5. Táriba........... 2000 »
6. Capacho Nuevo... 1000 »
7. Capacho Viejo ... 1000 »
8. Lobatera .... 1000 »
9. Pregonero .... 900 »
10. Michelena .... 800 »
11. San Juán de Colón 700 »
12. Queniquea .... 600 »
13. Seboruco .... 600 »
14. Borotá (Constitución) .... 500 »
15. Palmira (Guásima) 500 »
16. Cobre (Vargas)... 400 »
17. Ureña .... 400 »
18. El Rio........... 300 »
19. Sorca............ 300 »
20. Geguïnes .... 300 »
21. Rio Bobo .... 200 »
22. San Josecito ..... 150 »
23. Tononó .... 100 »
24. Tote .... 100 »
25. Petrolia .... 100 »

Sitzungsberichte.*)

108. Sitzung. 8. Januar 1885.

Vorsitzender: Herr Bürgermeister Dr. Kirchenpauer.

Das Protokoll der vorigen Sitzung wird verlesen und genehmigt.

Zwölf neue Mitglieder werden aufgenommen.

Herr Dr. W. Sievers aus Hamburg zeigt brieflich an, dass er wohlbehalten in Caracas eingetroffen und am 25. November a. c. über La Victoria und Valencia nach Merida aufzubrechen gedenke. Sein Brief ist begleitet von einer Abhandlung über das Erdbeben vom 26. März 1812,**) welches vordem noch nicht zum Gegenstand eines genauen Studiums gemacht worden ist.

Unter Bezugnahme auf die in der 107. Sitzung gemachten Mittheilungen betreffend Anfertigung eines Lexikons derjenigen Schriftsteller, welche wissenschaftliche Beiträge zur deutschen Landeskunde geliefert, bringt der Vorsitzende zur Anzeige, dass Herr Dr. H. Michow mit der Beschaffung der auf hamburgische Schriftsteller bezüglichen Daten beauftragt worden sei.

Der Vorsitzende theilt ferner mit, dass sich hier eine Gesellschaft von Freunden der Geographie gebildet habe, welche die Aufgabe verfolge, das Interesse für die Erdkunde unter jungen Leuten (Gymnasiasten, Lehrlingen etc.) zu wecken und zu pflegen und dadurch gewissermaassen für den Eintritt in unsere Gesellschaft eine Vorstufe zu bilden. Der Vorstand sei ersucht worden, von der Existenz dieses Vereins Kenntniss zu geben Als Vorsitzender dieses Vereins fungire zur Zeit der Primaner L. Tippenhauer.

Der Vorsitzende berichtet sodann über die bisherigen Arrangements des Lokal-Comités für den 5. Deutschen Geographentag; zum Ehrenpräsidenten sei Herr Bürgermeister Dr. Kirchenpauer, zum 1. Vorsitzenden Herr Geheimrath Dr. Neumayer, zum 2. Vorsitzenden Herr L. Friederichsen, zum Schriftführer Herr Dr. Michow erwählt. Mit dem Geographentage solle eine geographische Ausstellung verbunden werden. Um der Versammlung einen würdigen Verlauf zu sichern, seien Geldmittel erforderlich, die einerseits durch die Beiträge der Mitglieder und Theilnehmer, andererseits durch Eintrittsgelder für die Ausstellung beschafft werden müssten. Da die Höhe beider von Zufälligkeiten abhängig sei, habe das Lokal-Comité die Bildung eines Garantiefonds beschlossen. Zu diesem Garantiefond beizusteuern, sei natürlich in erster Linie unsere Geographische Gesellschaft berufen und stelle er demgemäss Namens des Vorstandes den Antrag: Die Gesellschaft wolle dem Lokal-Comité 1000 ℳ. zur Verfügung stellen, welche im Falle eines Ueberschusses zurückzuzahlen seien. Der Antrag wird genehmigt.

Sodann beantragt der Vorsitzende, dass die Geogr. Gesellschaft in Hamburg mit einem Jahresbeitrag von 30 ℳ. dem Deutschen Geographentage beitrete. Wird genehmigt.

Herr Direktor Prof. Dr. Pagenstecher hält darauf den angekündigten Vortrag über die Thierwelt Süd-Georgiens unter Vorführung zahlreicher naturhistorischer Objekte aus den von der deutschen Süd-Georgien-Expedition

*) Anschliessend an die in den »Mittheilungen 1884« gegebenen Berichte.

**) Siehe Mittheilungen der Geogr. Gesellschaft in Hamburg 1884 pg. 265.

heimgebrachten und vom Hamburger Naturhistorischen Museum angekauften Sammlungen.

Herr Geheimrath Dr. Neumayer referirt über das just fertig gestellte und von der Kaiserlichen Seewarte herausgegebene Segelhandbuch für den Atlantischen Ozean und legt einen weiteren Band der täglichen synoptischen Karten des Atlantischen Ozeans vor.

109. Sitzung. 5. Februar 1885.

Vorsitzender: Herr Bürgermeister Dr. Kirchenpauer.

Das Protokoll der vorigen Sitzung wird verlesen und genehmigt.

Sechs neue Mitglieder werden aufgenommen.

Der vom Kassirer erstattete und von den Revisoren geprüfte Rechnungsbericht für 1884 wird verlesen (siehe Mittheilungen 1884 pg. 352).

Herr Friederichsen legt darauf seine neuen Karten centralafrikanischer Gebiete vor und erläutert dieselben. Es sind: 1. Routenkarte der im Auftrage der Geogr. Gesellschaft in Hamburg 1883 von Dr. G. A. Fischer ausgeführten Reise durch das Massai-Land von Pangani bis zum Naiwascha-See und 2. Karte von Central-Afrika (1 : 5.000.000) im Auftrage des Auswärtigen Amts für das Congo-Weissbuch bearbeitet.

Herr Aug. Einwald aus Heidelberg hält sodann den angekündigten Vortrag über seine jüngst ausgeführte Reise durch das Zululand.

Herr Direktor Dr. Friedländer referirt über den bisherigen Verlauf der Reisen des Herrn Dr. W. Sievers in Venezuela auf Basis des eingelaufenen ersten Reiseberichts (siehe Mittheilungen der Geogr. Gesellschaft in Hamburg 1884 pg. 272).

110. Sitzung. 5. März 1885.

Vorsitzender: Herr Bürgermeister Dr. Kirchenpauer.

Das Protokoll der vorigen Sitzung wird verlesen und genehmigt.

Vierzehn neue Mitglieder werden aufgenommen.

Der Vorsitzende giebt in Veranlassung des heutigen 12. Jahrestages der Gründung der Gesellschaft der Freude Ausdruck über die stetige Entwickelung unserer Gesellschaft und fordert zu der durch die Statuten vorgeschriebenen Neuwahl eines Vorstandes für die nächsten beiden Jahre auf. Im ersten Wahlgange wird darauf Herr Bürgermeister Dr. Kirchenpauer zum ersten Präsidenten wieder gewählt; im zweiten Wahlgange werden in den Vorstand berufen die Herren: Generalarzt Dr. Cammerer, L. Friederichsen, Direktor Dr. Friedländer, Geheimrath Prof. Dr. Neumayer, Direktor G. Rümker und A. Woermann.

Zu Revisoren werden gewählt die Herren Emil Güssefeld und J. Witt.

In den Beirath werden berufen die Herren: Direktor Dr. Genthe, E. Güssefeld, F. J. H. Hausing, Direktor Prof. Dr. Hess, Kapitain Koldewey, Dr. O. Matsen, Direktor Prof. Dr. Pagenstecher, W. Westendarp, Direktor Dr. F. Wibel und J. Witt.

Der Vorsitzende referirt sodann über die seit November 1884 in Venezuela ausgeführten wissenschaftlichen Reisen und Forschungen unseres

Mitgliedes Dr. W. Sievers und knüpft im Namen des Vorstandes den Antrag daran, dem bisher auf eigene Kosten reisenden Forscher durch eine Subvention von 2000 *M.* zu ermöglichen, seine Reisen und Forschungen auf den wenig bekannten Westen Venezuelas auszudehnen. Als Aequivalent für diese Beihülfe habe Dr. Sievers der Gesellschaft eingehende Reiseberichte zugesichert. Der Antrag wird genehmigt.

Herr Geheimrath Dr. Neumayer referirt über die seitens des Lokal komités getroffenen Vorbereitungen für den im April in Hamburg zusammentretenden 5. Deutschen Geographentag.

Herr Direktor Dr. Mahraun hält den angekündigten Vortrag über »Dünenbildung und Nehrungen.«

Herr Friederichsen berichtet über die Resultate der Congo-Konferenz in Berlin.

Herr C. W. Lüders macht Mittheilungen über die jüngst von Dr. Philippi jr. ausgeführte Reise von Copiapo über Antofogasta, Caracoles, San Pedro de Atacama, Rio Loa, Tarapaca, Rio Camarones, Pisagua durch die Pampa und von Tamarugal zurück an die Küste bei Iquique.

111. Sitzung. 7. Mai 1885.

Vorsitzender: Herr Bürgermeister Dr. Kirchenpauer.

Ein und dreissig neue Mitglieder werden aufgenommen.

Der Vorsitzende berichtet über den günstigen Verlauf des 5. deutschen Geographentages sowie über das erfreuliche finanzielle Ergebniss der mit dem Geographentage verknüpft gewesenen geographischen Ausstellung. Es werde der Garantiefond nicht in Anspruch genommen und der seitens der Gesellschaft geleistete Vorschuss zurückgezahlt werden. Er glaube dem Lokal-Comité für seine Mühewaltung an dieser Stelle Namens der Geogr. Gesellschaft den aufrichtigsten Dank aussprechen zu müssen.

Herr Herm. von Holten in Cochabamba (Bolivia) berichtet der Gesellschaft unter'm 14. Januar 1885 brieflich, dass neuerdings eine Wasserverbindung zwischen dem Madre de Dios und dem Aquiri entdeckt und damit die längst von ihm vermuthete ungehinderte Wasserverbindung Boliviens mit dem Atlantischen Ocean bewiesen worden sei.

Herr Geheimrath Dr. Neumayer ergreift darauf das Wort zu einem Nachruf für Dr. Gustav Nachtigal (siehe pg. 251).

Herr Dr. Pechuël-Loesche aus Jena hält sodann den angekündigten Vortrag über das Hererö-Land.

Herr Direktor Dr. Friedländer referirt über zwei weitere Reiseberichte des Herrn Dr. Sievers in Venezuela (siehe Mittheilungen 1885—86 pg. 1–35).

112. Sitzung. 4. Juni 1885.

Vorsitzender: Herr Bürgermeister Dr. Kirchenpauer.

Das Protokoll der vorigen Sitzung wird verlesen und genehmigt.

Zwei neue Mitglieder werden aufgenommen.

Der Vorsitzende berichtet über die am 28. Mai stattgehabte gemeinschaftliche Sitzung des Vorstandes und des Beirathes. Dieselbe sei veranlasst durch einen Aufruf der Redaktion von Petermanns Mittheilungen in

Gotha, in welchem die deutschen geographischen Gesellschaften zu Beiträgen für die Fischer'sche Expedition zur Aufsuchung Dr. Junker's aufgefordert würden. Er habe Namens des Vorstandes und des Beirathes zu beantragen:

1. Die Gesellschaft wolle beschliessen: Zur Unterstützung der zur Aufsuchung und Feststellung des Schicksals der in Afrika verschollenen Forschungsreisenden Dr. Junker und Emin-Bey ausgehenden Expedition des Herrn Dr. G. A. Fischer eine Summe von 1500 *M.* zurückzulegen.

2. Dem Herrn Dr. Fischer von vorstehendem Beschlusse mit dem Beifügen Kenntniss zu geben, dass die gedachte Summe für die Zwecke seiner Expedition hier zur Verfügung stehen werde, sobald er sich behufs Erhebung derselben hierher wende.

Vorstehende Anträge werden genehmigt.

Der Vorsitzende theilt sodann mit, dass die am 6. August 1880 seitens der deutschen geographischen Gesellschaften beschlossene Anfertigung einer Nordenskiold-Medaille nunmehr verwirklicht worden und zwei Exemplare dieser Medaille in Kupfer dem Vorstande übermittelt seien. Die Kosten der Herstellung des Stempels und der Prägung einer goldenen Medaille betrügen 3463 *M.*, welche nach Maassgabe der Mitgliederzahl auf die verschiedenen Gesellschaften vertheilt werden würden. Was die beiden dem Vorstande zugegangenen Exemplare der Medaille anlange, so proponire er, ein Exemplar bei dem Archiv der Gesellschaft zu belassen, das andere der hiesigen Kunsthalle als Eigenthum zu überweisen. Der Antrag wird genehmigt.

Herr Friederichsen legt darauf seine just fertig gestellte, im Auftrage des Auswärtigen Amts bearbeitete Karte des westlichen Theiles der Südsee vor und theilt die Resultate seiner planimetrischen Berechnungen des Flächeninhalts der einzelnen Inselgruppen innerhalb des Deutschen Schutzgebietes mit (siehe Mittheilungen 1884 pg. 307).

Herr Friederichsen giebt ferner eine Uebersicht über die neuesten Entdeckungen im Stromgebiet des Congo seitens des Missionairs Grenfell und demonstrirt die von Herrn Wauters in Brüssel aufgestellte Hypothese, wonach der Uelle Schweinfurths der obere Lauf des von Grenfell entdeckten und bis 4° 20′ nördl. Br. befahrenen Liboko oder Ubandschi sein soll.

Herr Dr. C. Gottsche hält sodann den angekündigten Vortrag über seine 1884 ausgeführten Reisen in Korea. (Vergleiche Mittheilungen der Gesellschaft für Erdkunde in Berlin 1885).

113. Sitzung. 1. Oktober 1885.

Vorsitzender: Herr Geheimrath Dr. Neumayer.

Das Protokoll der vorigen Sitzung wird verlesen und genehmigt.

Sechs neue Mitglieder werden aufgenommen.

Betreffs der im ägyptischen Sudan zurückgehaltenen beiden Reisenden Dr. Junker und Emin-Bey wird seitens des Auswärtigen Amts unter'm 14. Juli gemeldet, dass laut telegraphischer Nachricht des Deutschen Generalkonsulats in Alexandrien die Herren Dr. Junker und Casati bei Dr. Schnitzler (Emin-Bey) in Ladó in Sicherheit seien. Im Anschluss an diese Mittheilung verliest Herr Friederichsen folgenden an ihn gerichteten und vom 1. August aus Pangani datirten Brief Dr. G. A. Fischers:

»Seit einigen Tagen bin ich hier. Morgen breche ich mit 221 Mann von hier auf. Es ist nicht möglich, eine Reise, welche die Zwecke verfolgt, wie die meinige, mit irgend welchen Aussichten auf Erfolg auszuführen, ohne die Ausrüstung und Zusammensetzung, wie die jetzige, von welcher Kirk zwar noch behauptet, dass sie lange nicht hinreichend sei. Die Engländer können aber mit anderen Ziffern rechnen. Meine 40,000 *M.* sind fast schon alle fort; 16,000 stecken in den Waaren, 4000 in Gewehren und Pulver, das übrige zum grössten Theil in Löhnen, die 5 Monate im Voraus bezahlt werden mussten. Die Pagasi erhalten 5 Dollar monatlich, die Askasi 6—8, die Anführer bis 10 Dollar. Bleibe ich ein Jahr aus, so habe ich wieder eine beträchtliche Summe nöthig. Was sollte ich aber mit einer kleinen und nur dürftig ausgestatteten Karawane thun? Die Fürsten von Uganda und Unjoro wollen auch beschenkt sein. Die Stoffe, die nach Uganda gehen, sind die theuersten des Sansibar-Marktes. Höre ich etwa in Uganda, dass mein weiteres Vordringen unnütz ist, so kann ich Elfenbein einkaufen, um den grössten Theil des Geldes wieder zu erhalten. Nach den letzten Nachrichten soll zwischen Unjoro und Ladó Aufstand und Krieg herrschen. Kirk hat übrigens vor einiger Zeit an den Herrscher von Uganda einen Brief geschickt, worin er ihn auffordert, auf Kosten der englischen Regierung eine Expedition nach Ladó zu senden, um die Europäer zu befreien; die englische Regierung werde reiche Geschenke senden. — Ich bitte Sie, was Sie thun können, um Gelder für die Sache zu schaffen, in's Werk zu setzen. Ich schrecke schon, wenn ich berechne, wie viele Tausende der Lohn verschlingen wird, wenn ich ein Jahr ausbleibe. Und doch ist es anders nicht zu machen. In Sansibar veranschlagten die Engländer mein Unternehmen auf 5000 £; 80,000 *M.* werden gewiss darauf gehen — Ich nehme eine neue Route über Kibaia und Irongi; sie ist kürzer als die über Tabora. — Ich muss schliessen, da ich keinen Augenblick vor den Trägern sicher bin, die mit allen möglichen Anliegen zu mir kommen. Ihre Schulden muss ich noch im letzten Augenblick bezahlen, sodass viele schon 4½ Monate Lohn im Voraus erhalten haben. Und nun leben Sie wohl! Auf Wiedersehen in 1½ Jahren!«

Der Vorsitzende theilt sodann mit, dass die berühmte geographische Anstalt von Justus Perthes in Gotha am 11. September ihr 100-jähriges Jubiläum gefeiert und der Vorstand sich berufen gefühlt habe, Namens der Gesellschaft eine Beglückwünschungs-Adresse dorthin zu senden. Ueber das segensreiche Wirken der Firma Justus Peothes gäbe eine splendid ausgestattete Festschrift Auskunft, welche auch unserer Gesellschaft als Geschenk zugegangen sei.

Der Vorsitzende erwähnt ferner, dass auf Anregung der Berliner Gesellschaft für Erdkunde ein weithin sichtbares Nachtigal-Denkmal auf Kap Palmas geplant sei und dass ein darauf bezüglicher Aufruf an die Nation demnächst zur allgemeinen Kenntniss gelangen werde.

Herr Dr. A. Fischer hält darauf den angekündigten Vortrag über Central-Asien, seine Erwerbung durch die Russen und der spanische Konflikt.

Herr Friederichsen referirt schliesslich über die jüngste Reise des Lieutenant Wissmann von der Residenz des Mukenge bis zur Mündung des im unteren Laufe Kwa genannten Cassai in den Congo.

114. Sitzung. 5. November 1885.

Vorsitzender: Herr Geheimrath Dr. Neumayer.

Das Protokoll der vorigen Sitzung wird verlesen und genehmigt.

Zwei neue Mitglieder werden aufgenommen.

Der Vorsitzende theilt mit, dass nunmehr der in der vorigen Sitzung angekündigte, von der Mehrzahl der deutschen geographischen Gesellschaften unterzeichnete Aufruf zur Errichtung eines Nachtigal-Denkmals auf Kap Palmas erlassen worden sei und Beiträge per Bank an die Konto der Geographischen Gesellschaft entgegengenommen würden.

Herr Dr. Koch nimmt das Wort zu dem angekündigten Vortrag über die Bedeutung der bevorstehenden Volkszählung für Hamburg.

Der übrige Theil der Sitzung wird der Besprechung literarischer Eingänge gewidmet.

115. Sitzung. 3. Dezember 1885.

Vorsitzender: Herr Geheimrath Dr. Neumayer.

Das Protokoll der vorigen Sitzung wird verlesen und genehmigt.

Drei neue Mitglieder werden aufgenommen.

Unter Vorlage der eingegangenen literarischen Geschenke wird der vom Verein für Erdkunde zu Leipzig herausgegebene Atlas der Seen der deutschen Alpen von Dr. Aloïs Geistbeck seitens des Vorsitzenden einer eingehenden, höchst anerkennenden Besprechung unterzogen.

Herr Joh. Sieveking hält den angekündigten Vortrag über Central-Asien und die englische Macht in Indien (siehe Mittheilungen 1885—86 pg. 149).

116. Sitzung. 7. Januar 1886

Vorsitzender: Herr Bürgermeister Dr. Kirchenpauer.

Das Protokoll der vorigen Sitzung wird verlesen und genehmigt.

Ein neues Mitglied wird aufgenommen.

Es werden zwei Briefe des Herrn Dr. W. Sievers, datirt Barquisimeto, den 9. Oktober 1885 und Caracas, den 2. Dezember 1885, verlesen. Dieselben besagen, dass Dr. Sievers seine im Auftrage unserer Gesellschaft ausgeführten und während der letzten Monate von den Unruhen in den Venezolanischen Staaten Los Andes, Falcon-Zulia, Bermudez und Bolivar sehr beeinflussten Forschungen nunmehr vollendet hat und an seine zweite Aufgabe, die Erforschung der Sierra Nevada de Santa Marta herangetreten ist.

Herr Friederichsen legt eine Kopie der Ribeiro'schen Seekarte aus dem Jahre 1729 vor, welche von Herrn Professor Heinrich Kiepert in Berlin nach dem in der grossherzoglich Weimar'schen Bibliothek befindlichen Original angefertigt ist. Der östliche Theil dieser Karte, Europa, die Südküsten und die südöstlichen Inseln Asiens umfassend, ist zuvor niemals zur weiteren Kenntniss gekommen, während das westliche Blatt in einer besonderen Publikation über die wichtigsten älteren Karten Amerikas durch den bekannten Reiseschriftsteller Kohl, und das mittlere Blatt in dem die Seefahrten der Portugiesen darstellenden Werke des Vicomde de Santarem bekannt geworden ist. Gelegentlich der Karolinen-Frage ging eine Nachricht durch die Tagespresse, dass man im Vatikan eine bisher gänzlich ungekannte alte Seekarte des Diego Ribeiro ausfindig gemacht habe, welche die päpstliche Entscheidung zu Gunsten Spaniens lenken würde. Professor Kiepert hat demgegenüber in der National-Zeitung nachgewiesen, dass die fragliche Seekarte nur eine von dem Kosmographen Giov. Bapt. Agnese (1548) herrührende Kopie des in Fachkreisen längst gekannten Weimar'schen Originals ist und dass die Karolinen darin, wie schon die Jahreszahl 1529 fordert, durch völlige Abwesenheit glänzen. — Im Anschluss an diese Mittheilung lenkt Herr Friederichsen die Aufmerksamkeit auf eine in der Allgemeinen Zeitung vom 22. November 1885 publicirte Abhandlung des Prof. Dr. Sophus Ruge in Dresden über die Geschichte der Entdeckungen der Karolinen, welche der eingehenden und fachmännischen Behandlung wegen als Ausschlag gebend zu bezeichnen sein dürfte. Ihr zufolge sind die Karolinen nicht von den Spaniern, sondern von den Portugiesen entdeckt, indem der von dem portugiesischen Statthalter auf den Molukken, Jorge de Meneses, ausgesandte portugiesische Kapitain da Rocha in den Jahren 1527—29 zuerst die Karolinen besuchte.

Herr Friederichsen macht sodann Mittheilungen aus einem von Blagowetschensk, den 7. Juli 1885, datirten Privatbriefe, demzufolge die Goldfelder von Dscholtuga am Amur, über welche in den Mittheilungen 1884 ausführlicher berichtet worden ist, wegen des Andringens der Bergwasser im Frühling von den Goldgräbern verlassen und seitdem von der chinesischen Regierung besetzt worden sind. 2000 Arbeiter sollen sich seitdem auf einem etwa 220 Werst flussaufwärts am Argun belegenen neu entdeckten Goldfelde zusammengefunden haben und dort abermals eine kleine Republik auf chinesischem Gebiete zu bilden im Begriffe stehen.

Herr Friederichsen berichtet ferner über die neusten Forschungen der Herren von François und Grenfell im aequatorialen Seengebiet des Congo.

Herr Dr. Karl Schultess hält darauf den angekündigten Vortrag über den Golf von Neapel im Alterthum (siehe Mittheilungen 1885—86 pg. 173).

Herr Geheimrath Dr. Neumayer beginnt seine angekündigten Mittheilungen über die neusten Forschungen auf dem Australischen Kontinent mit einem Referat über die vorliegenden Nachrichten von dem tragischen Schicksal der von der geogr. Gesellschaft von Australasien zur Erforschung des brittischen Neu-Guinea ausgesandten Expedition unter Capt. Everill und knüpft die Hoffnung daran, dass die mit aller Reserve aufzunehmenden Nachrichten sich nicht bewahrheiten möchten. Im ferneren Verlauf seines Vortrages schildert Herr Neumayer die Aufgaben der von Melbourne aufgebrochenen Expedition David Lindsay's, welche sich unterm 15. Oktober 1885 bereits im Westen des Lake Eyre befunden habe. Lindsay's Instruktionen lauteten unter Anderem dahin, in dem Gebiet zwischen 22 und 23° S. Br. und 137—143° O. L. v. Gr. solange zu forschen, bis Spuren der Leichhardt'schen Expedition gefunden seien.

117. Sitzung. 4. Februar 1886.

Vorsitzender: Herr Bürgermeister Dr. Kirchenpauer.

Das Protokoll der vorigen Sitzung wird verlesen und genehmigt. Sechs neue Mitglieder werden aufgenommen.

Nachdem der Vorsitzende den als Gast anwesenden Herrn Dr. Eugen Zintgraff und das nach langjähriger Abwesenheit aus der Südsee zurückgekehrte Mitglied J. Weisser begrüsst, referirt derselbe über den just aus Caracas eingetroffenen Schlussbericht des Reisenden Dr. W. Sievers über die Küstenkordillere Venezuelas (siehe Mittheilungen 1885—86 pg. 122).

Der Vorsitzende berichtet ferner über eine vom Prinzen Roland Bonaparte eingesandte Abhandlung, betitelt: »Note sur les récents Voyages du Dr. H. ten Kate dans l'Amérique du Sud«. Dieselbe erstreckt sich auf Reisen in Surinam, welche vorwiegend zur Ergänzung früherer anthropologischer Forschungen Kate's über die Bewohner Surinam's auf Kosten des Prinzen unternommen worden sind.

Die statutenmässig in der Februar-Sitzung vorzulegende, von den Revisoren geprüfte und mit den Belegen übereinstimmend befundene Kassa-Bilanz 1885 gestaltet sich wie folgt:

Kassa-Bilanz ultimo 1885.

Einnahme:

An Saldo vom 31. Dezember 1884		M. 3954.99
» Jahresbeiträge 492 à M. 12 abzüglich M. 0,35 Bestellgeld	M. 5903.65	
» Halbjährliche Beiträge 7 à M. 6	» 42.00	
		» 5945.65
» Ueberschuss vom 5. Deutschen Geographentag		» 1986.00
» Zinzvergütung von der Norddeutschen Bank		» 41.29
		M. 11927.93

Ausgabe:

Per Herrn Dr. W. Sievers für Reisen in Venezuela		M. 2000.00
» » Aug. Einwald, Reisespesen	M. 100.00	
» » Dr. Pechuël-Loesche, Reisespesen	» 100.00	
» » Dr. Gottsche, Reisespesen	» 25.00	
		» 225.00
» Beitrag zur Nordenskiold-Medaille		» 516.00
» Jahresbeitrag für den Deutschen Geographentag		» 30.00
» Druckkosten der Publikationen der Gesellschaft		» 5188.75
» Dr. O. Mügge, Honorar		» 101.25
» Lorbeerkranz zur Todtenfeier Nachtigals		» 45.70
» Anfertigung eines Diploms für Justus Perthes		» 34.00
» Abonnements etc.		
Export 1885	M. 12.00	
Church Missionary Intelligencer	» 7.50	
Mouvement géographique	» 7.50	
Exploration 1885, II	» 8.70	
Journal of the Anthropological Institute of Great Britain	» 24.00	
		» 59.70
» Prämie für Versicherung der Bibliothek		» 11.30
	Transport	M. 8211.70

		Transport	ℳ. 8211.70
Per Honorare und Gratiale:			
Schreiber-Gebühren des Sekretariats 1885 ..	ℳ. 1000.00		
Remuneration an Kastellan Haack.........	» 45.00		
» » B. Spilker..............	» 50.00		
» » H. Bruhns	» 100.00		
» » C. Steckmest............	» 100.00		
» » Schoer für Einkassiren ...	» 20.00		
		»	1315.00
» Porti und kleine Auslagen des Sekretariats............		»	567.97
» Saldo auf 1886		»	1833.26
			ℳ. 11927.93

Mitglieder-Anzahl.

Bestand Ende 1884	442
Eingetreten in 1885	77
	519
Ausgeschieden in 1885	21
Bestand Ende 1885	498

Herr Dr E. Zintgraff aus Berlin hält darauf den angekündigten Vortrag über den unteren Congo von Banana bis Vivi und über die Bedeutung des Congo für die Erforschung der Hinterländer des Deutschen Schutzgebietes Kamerun (siehe pg. 258).

Herr J. Weisser trägt über den Bismarck-Archipel und das Kaiser Wilhelms-Land vor (siehe pg. 269).

118. Sitzung. 4. März 1886.

Vorsitzender: Herr Bürgermeister Dr. Kirchenpauer.

Das Protokoll der vorigen Sitzung wird verlesen und genehmigt.

Drei neue Mitglieder werden aufgenommen.

Der Vorsitzende theilt auf Basis eines eingegangenen Circulairs mit, dass Vincenz von Haardt, der Leiter des geographischen Instituts von E. Hölzel in Wien, die Herausgabe ethnographischer Uebersichtskarten der einzelnen Erdtheile im grösserem Maassstabe plane. Die erste dieser Karten werde die ethnographischen Verhältnisse Asiens in sechs Blättern darstellen. Die Kaiserliche Akademie der Wissenschaften in Wien befürworte das Unternehmen.

Bei Besprechung der literarischen Eingänge seitens des Vorsitzenden, wird speciell eines Separat-Abdrucks aus den Hamburger Nachrichten, betitelt: »Der Karolinen-Archipel, seine Bewohner und Entdecker, von Kapitain A. Schück« Erwähnung gethan.

Herr Ingenieur G. Westendarp hält den angekündigten Vortrag über den Nordostsee-Kanal vom technischen Standpunkte aus. Im Anschlus daran beleuchtet Herr H. Dahlström die Bedeutung des Nordostsee-Kanals vom kommerziellen und maritimen Standpunkte aus.

Der Vorsitzende schliesst die Versammlung mit einem speziellen Dank an Herrn Dahlström und unter Hervorhebung der grossen Verdienste desselben um die Verwirklichung der Idee eines Nordostsee-Kanals.

119. Sitzung. 1. April 1886.

Vorsitzender: Herr Bürgermeister Dr. Kirchenpauer.

Das Protokoll der vorigen Sitzung wird verlesen und genehmigt.

Der Vorsitzende theilt das Programm des für die Tage vom 28.—30. April anberaumten 6. Deutschen Geographentages in Dresden mit und knüpft daran Namens des Vorstandes den Antrag, der vom Geographentag eingesetzten Centralkommission für wissenschaftliche Landeskunde von Deutschland für ihre Zwecke aus den Ueberschüssen des 5. Geographentages ℳ. 300 zu bewilligen. Der Antrag wird genehmigt.

Eine Depesche des deutschen Generalkonsuls Arendt in Sansibar an den Fürsten Bismarck vom 13. März a. c., welche durch Güte der Gesellschaft für Erdkunde in Berlin abschriftlich hierher gelangt ist, wird verlesen. Dieselbe besagt, dass nach einem vom 8. Januar vom Victoria-Nyansa datirten Briefe Dr. G. A. Fischers, Emin-Bey, Dr. Junker und Cassati sich wohlauf in der Nähe von Unjoro befänden und dass ihnen der Durchzug durch Unjoro verwehrt werde. Im Anschluss daran berichtet Herr Friederichsen aus einem von Ujui (im Norden Tabora's) den 17. Dezember 1885 datirten Privatbriefe weitere Details über die Lage Dr. Fischer's, wonach es ihm schwerlich gelingen werde, auf dem bisher verfolgten Wege und über Uganda das gesteckte Ziel, nämlich die Befreiung Dr. Junker's und seiner Leidensgefährten zu erreichen.

Herr Dr. Alfred Hettner aus Leipzig hält darauf den angekündigten Vortrag über Land und Leute der Vereinigten Staaten von Colombia auf Basis seiner in den Jahren 1882—84 an Ort und Stelle gemachten Studien und Forschungen.

Es folgt sodann ein Vortrag des Herrn Dr. Fr. Ahlborn über Ziele und Methode der Pflanzengeographie.

120. Sitzung. 6. Mai 1886.

Vorsitzender: Herr Bürgermeister Dr. Kirchenpauer.

Das Protokoll der vorigen Sitzung wird verlesen und genehmigt.

Zwei neue Mitglieder werden aufgenommen.

Der Vorsitzende theilt mit, dass der Verein für Erdkunde zu Leipzig am 1. Mai sein 25 jähriges Jubiläum gefeiert habe und dass unsere Gesellschaft bei dieser Feier durch Herrn Geh. Rath Neumayer vertreten gewesen sei. Eine officielle Einladung zur Theilnahme an dieser Feier habe der Vorstand erst nach der April-Sitzung erhalten, sodass eine Mittheilung darüber auf gewöhnlichem Wege nicht mehr an die Mitglieder habe gelangen können. Auch sei keine Gelegenheit gewesen, der Gesellschaft von einem Vorstandsbeschlusse Kenntniss zu geben, der darauf hinausgehe, drei um den Verein für Erdkunde in Leipzig, sowie um die Förderung der geographischen Wissenschaft im Allgemeinen sehr verdiente Männer gelegentlich des erwähnten Jubiläums zu Ehren-, resp. korrespondirenden Mitgliedern unserer Gesellschaft zu ernennen. Diese Herren seien: Prof. Dr. Henry Lange in Berlin, der Gründer des Leipziger Vereins und der Leipziger Karl Ritter-Stiftung, Dr. Richard Andree in Leipzig und Kartograph Ernst Debes in Leipzig. Nachträglich werde nun heute seitens des Vorstandes die Genehmigung zu der bereits am 1. Mai in Leipzig durch Herrn Geheimrath Neumayer bekannt gegebenen Ernennungen beantragt. Da kein Widerspruch erhoben wird, so proklamirt der Vorsitzende die Herren Prof. Dr. Henry Lange in Berlin und Dr. Richard Andree in Leipzig zu Ehrenmitgliedern und Herrn Kartograph Ernst Debes in Leipzig zum korrespondirenden Mitgliede unserer Gesellschaft.

Herr Dr. Bötzow nimmt darauf das Wort zu dem angekündigten Vortrag über unsere überseeische Auswanderung und die Deutschen im Auslande (siehe Mitthlgn. 1885—86, pap. 199).

Darauf referirt Herr Geheimrath Neumayer über die Tagung des VI. Deutschen Geographen-Tages, die in den Tagen vom 28.—30. April d. J. in Dresden Statt hatte. Nachdem der Vortragende sich im Allgemeinen über die Seitens des Lokal-Ausschusses getroffenen Einrichtungen in anerkennendster Weise ausgesprochen hatte, hebt er im Besonderen noch die Liebenswürdigkeit hervor, mit welcher den Mitgliedern des Deutschen Geographen-Tages allenthalben begegnet worden sei, und wie man sich bemüht habe, die reichen Schätze der Kunst und der Wissenschaft, welche in Dresden aufgehäuft sind, zugänglich zu machen.

Von hohem Interesse waren, so fährt der Vortragende fort, die verschiedenen Ausstellungen, über welche ein ausführlicher Katalog vorlag, der über die einzelnen Objekte und deren grosse Zahl Aufschluss gab. Die geographische Ausstellung war im Königlichen Polytechnikum in zweckentsprechender Weise angeordnet und gewährte ein ganz vortreffliches Mittel, sich über viele Gegenstände, die sonst wenig zugänglich sind, zu orientiren. Da nahm vor Allem die prachtvolle Sammlung geographischer, ethnographischer und geologischer Gegenstände des Herrn Dr. Alphons Stübel die Aufmerksamkeit in Anspruch. Bekanntlich hatte Dr. Stübel mit Dr. Wilhelm Reiss in den Jahren 1869—1877 eine Forschungsreise in Colombia und Ecuador ausgeführt und den Vulkanen daselbst eine ganz besondere Beachtung gewidmet. Hier sah man zum ersten Male den ganzen Schatz der Sammlungen vereinigt und in systematischer Weise zur Ausstellung gebracht. Herrliche bildliche Darstellungen, Photographien, plastische Abdrücke von künstlerischem Werthe, Waffen, Geräthschaften, Landes-Produkte und geologische Specimina sah man hier zu einem höchst instruktiven Gesammtbilde vereinigt. Herr Stübel hatte die grosse Aufmerksamkeit, einen illustrirten Führer in wahrhaft prachtvoller Ausstattung an die Mitglieder und Theilnehmer des Geographen-Tages verschenken zu lassen, was nicht wenig dazu beitrug, das Verständniss für die Bedeutung der Sammlung zu heben. Auch die schönen Reliefkarten dieses Gelehrten von Madeira und Santorin fesselten — wie hier nur beiläufig gesagt werden soll — die Aufmerksamkeit der Fachleute. Eine andere Sammlung von ganz erheblichem Werthe war jene des Herrn Dr. Edmund Naumann; sie bestand im Wesentlichen aus den kartographischen und geologischen Resultaten der Forschungsreisen dieses Gelehrten in Japan, 1880 bis 1884. Diese Ergebnisse der Landes-Aufnahme Japan's bilden in gewissem Sinne die Unterlage des Vortrages, den Herr Naumann in der ersten Sitzung hielt. Was uns besonders darin fesselte, waren die Bemerkungen über die Erscheinungen des Erdmagnetismus in ihrer Abhängigkeit vom Bau der Erdrinde. Wenn wir auch nicht in jeder Hinsicht den Ansichten des verdienstvollen Gelehrten über diesen Punkt beipflichten können, so muss man doch zugestehen, dass er einen Gegenstand berührte, der der Aufmerksamkeit der Geophysiker werth ist, und dass die zur Ausstellung gebrachte Sammlung über die Arbeiten des früheren Direktors der geologischen Landes-Aufnahme Japans ein anschauliches Bild seiner Thätigkeit giebt. Sehr beachtenswerth waren die von Herrn Sekino, einem Japaner, angefertigten magnetischen Karten.

Im Uebrigen war die neueste geographische Literatur durch die hervorragendsten, seit dem letzten Geographentage erschienenen Werke würdig vertreten. Es fehlte fast keine der bekannten Firmen Deutschlands und können wir hier nur die schöne Arbeit von Piloty und Loehle, das »Erdprofil der Zone von 31—65° N. Breite im Maassverhältniss von 1:1.000,000« von Ferdinand Lingg erwähnen.

Auch das Königliche Meteorologische Institut in Chemnitz veranstaltete durch seinen Direktor, Dr. P. Schreiber, eine sehr instruktive Ausstellung von Karten, Apparaten, Ergebnissen der Forschungen über das Klima von Sachsen und andere interessante Gegenstände mehr.

Wir dürfen hier nicht unerwähnt lassen, dass Herr Dr. Luboldt, Chef des bekannten Hauses Gehe & Co., auf dem Speicher seines Geschäftshauses eine höchst originelle Ausstellung über Original-Verpackung der verschiedensten Droguen veranstaltet hatte; es dürfte nur selten Gelegenheit geboten werden, diesen interessanten Gegenstand in so eingehender und klarer Weise zur Anschauung gebracht zu sehen, wie dies hier der Fall war.

Uebergehen wir die verschiedenen geschäftlichen und anderen Formalitäten, mit welchen die erste Sitzung zu einem guten Theile ausgefüllt war und wenden uns den Vorträgen zu, so fesselte uns zunächst der Vortrag des Premier-Lieutenant C. von François: »Reisen im südlichen Congo-Becken«. Es ist wohl nicht nothwendig, hier des Näheren auszuführen, inwiefern dieser Vortrag die besondere Beachtung des Geographen-Tages verdient; es ist sowohl der Gegenstand, wie die Art und Weise der Behandlung desselben durch den genannten Forschungs-Reisenden zu wohl bekannt, als dass ich nöthig hätte, die Aufmerksamkeit der Anwesenden in längerer Ausführung in Anspruch zu nehmen.

Der nächste Vortrag des Herrn Dr. Edmund Naumann in Meissen »Ueber meine geographische und topographische Landesaufnahme Japans« wurde von mir schon weiter oben, als von der Ausstellung die Rede war, berührt. Ich möchte dem, was dort gesagt ist, noch hinzufügen, dass der geistvolle Vortrag einen Einblick gewährte in die Methoden der Forschung, nach welchen Naumann seine Aufnahme durchführte und zugleich auch gewichtige Winke gab für alle Diejenigen, welche unter ähnlichen Verhältnissen sich Arbeiten dieser Art zu widmen haben. Wenn es gestattet ist, hier einen Wunsch auszusprechen, so wäre es der, dass man doch bei solchen Gelegenheiten im Interesse der Sache eine breitere Polemik, in welche sich der Vortragende gegen das Ende seiner Ausführungen erging, vermeiden möge. Die Zuhörer stehen in den meisten Fällen solchen polemischen

Ausführungen, weil sie mit der Natur derselben unbekannt sind, mehr oder minder gleichgültig gegenüber. Im Uebrigen erwähnen wir nochmals, der Vortrag des Herrn Naumann war von hohem Interesse und fand auch die ungetheilte Würdigung der Zuhörer.

Die Nachmittags-Sitzungen waren überhaupt, von dem Standpunkt betrachtet, der in dieser Versammlung zumeist vertreten wird, am wenigsten anziehend, weil sie Methoden des Unterrichts und des Zeichnens etc. behandelten. Aus diesem Grunde halte man mir es zu Gute, wenn ich hier nicht näher auf die Vorträge dieser Art eingehe, wie hoch ich selbst auch die Bedeutung derselben anschlage.

Der Kommissions-Bericht über die Begründung eines fortlaufenden geographischen Repertoriums, welchen Herr Professor Freiherr v. Richthofen erstattete, verdient in mehr als einer Hinsicht unsere volle Beachtung. Vor allem hat die geographische Wissenschaft alle Ursache, dem geplanten Unternehmen einen gedeihlichen Fortgang zu wünschen und bin ich der festen Ueberzeugung, dass auch unsere Gesellschaft dem Unternehmen ihre volle Sympathie entgegenbringen wird.

Der zweite Tag brachte uns einen Vortrag von Herrn Gymnasial-Oberlehrer Dr. G. Leipoldt in Dresden über die Erhebung des Meeresspiegels an den Festlandküsten. Der Gegenstand ist, wie Jene unter Ihnen, die sich damit befasst haben, wohl wissen, ein in seiner Behandlung mit erheblichen Schwierigkeiten umgebener; es erfordert derselbe unter allen Umständen eine Summe klarer Begriffe und Anschauungen über das was man Niveauflächen nennt, ohne welche überhaupt weder eine gründliche Behandlung noch eine Diskussion darüber möglich ist. Durch die vortrefflichen Arbeiten Helmert's auf diesem Gebiete, wie sie namentlich in dem zweiten Bande seines vor einigen Jahren erschienenen Werkes niedergelegt sind, wurde der Gegenstand auf Grundlage der Potential-Theorie in so gründlicher Weise erörtert, dass man alle diesbezüglichen Untersuchungen auf der dadurch gewonnenen Grundlage weiter zu führen haben wird, wenn man einen wirklichen Erfolg auf diesem Gebiete erringen will. Wir schicken diese Bemerkung voraus, weil schon aus den ersten Ausführungen des Vortragenden hervorging, dass er mit den erwähnten Untersuchungen nicht bekannt war und die neueren Arbeiten über Pendel-Beobachtungen, deren eigentlichen Werth und Bedeutung, offenbar nicht beachtet hatte. Der Vortragende bewegte sich beständig in unklaren Definitionen und konfundirte die Begriffe, die sich beispielsweise an die Biegung von Niveauflächen knüpfen, mit den Abweichungen der Erdoberfläche von denselben u. s. w. Er war nicht präcise hinsichtlich der Begriffe Gewicht und Schwerkraft und kam auf diesem Wege zu dermaassen von der exakten Forschung abweichenden Schlüssen, dass man ganz erhebliche Schwierigkeiten zu überwinden gehabt hätte, falls man die ausgesprochenen Behauptungen hätte sofort richtig stellen wollen. Ich kann natürlich hier nur von dem allgemeinen Eindrucke sprechen, welchen der flüchtig gehörte Vortrag machte; eine gründliche Erörterung wäre nur möglich, bei einem so schwierigen Gegenstand, läge derselbe gedruckt oder geschrieben vor. Wenn beispielsweise von dem Barometer als einem Instrumente, welches zum Messen der Schwerkraft dienen soll, gesprochen wurde, so konnte man bei einiger Vertrautheit mit dem Gegenstande selbst im Moment wohl nur an die Erörterungen eines Wüllersdorff-

Urbair, welcher den Unterschied der Angaben des Aneroid- und des Quecksilber-Barometer zu Schwere-Messungen benutzen wollte, oder an Mascart's Baromètre à gravité denken und kaum vermuthen, dass der Vortragende in der That mit dem Quecksilber-Barometer die Schwere, wie etwa die Höhe eines Berges mit demselben messen wollte. Ich habe, als Vorsitzender in jener Sitzung, gegen die Ausführungen des Herrn Leipoldt, man könne auf diesem Wege das Barometer besser zur Schwere-Bestimmung benutzen, als das Sekundenpendel, Einsprache erhoben und in erster Linie darauf aufmerksam gemacht, dass es doch nicht angängig sei, einen so schwierigen Gegenstand zu besprechen, ohne genaue Kenntniss der neueren Literatur und andererseits hervorgehoben, dass eine fundamentale Erörterung des schwierigen Gegenstandes, die zur Richtigstellung erforderlich wäre, an dieser Stelle nicht am Platze sein könne. Das, was über das Barometer und seine Verwendung zur Schwere-Messung von ihm gesagt wurde, verstosse dagegen so sehr gegen elementare Grundsätze, dass es kaum angemessen erscheinen könnte, wollte sich der Geographen-Tag damit beschäftigen. Es ist sehr zu bedauern, wenn die Verhandlungen des Geographen-Tages — wie es in diesem Falle geschehen ist — durch lange, zwar in gewandter Rede vorgebrachte, aber von einem Mangel an Beherrschung des für die Behandlung des Gegenstandes durchaus erforderlichen Wissens zeugenden Erörterungen, in Anspruch genommen werden. Es liegt, führt Herr Neumayer aus, im Interesse der immerhin noch jungen Institution des Deutschen Geographen-Tages, dass die Wiedergabe des Vortrages in dem zu veröffentlichenden Bericht unterbleiben wird. Ich habe mündlich und schriftlich unterdessen diese meine Ansicht über die Wiedergabe des Leipoldt'schen Vortrages Mitgliedern des Zentral-Ausschusses gegenüber ausgesprochen und steht zu erwarten, dass in Folge davon der Abdruck dieses Vortrages unterbleibt oder doch die Unrichtigkeiten und Unklarheiten — ehe der Abdruck erfolgt — rektifizirt werden.

Der nächste Vortrag von Professor F. G. Hahn in Königsberg »Küsten-Eintheilung und Küsten-Entwickelung im verkehrsgeographischen Sinne« war durchaus eine gediegene und hochinteressante Arbeit. Man mag über einzelne darin berührte Punkte anderer Ansicht sein, als der Vortragende, wie dies auch in der Diskussion, die über denselben eröffnet wurde, wenigstens theilweise hervorgetreten ist; die vielen Punkte, von wirthschaftsgeographischem Interesse, wie es Herr Regierungsrath von Studnitz bezeichnete, die der Vortrag berührte, verdienen aber so sehr die Beachtung aller Geographen und Verkehrspolitiker, dass man nur seine Freude darüber ausdrücken kann, wenn Vorträge dieser Art vor den Geographen-Tag gebracht werden.

In der vierten Sitzung, am 30. April, sprach Herr Paul Lehmann aus Berlin über Kant's Bedeutung als akademischer Lehrer der Erdkunde. Es war dies ein Vortrag voll der interessantesten Belehrungen und geistreichsten Wendungen. Allenthalben erkannte man die Ergebnisse eingehender Studien und darf man sich wirklich darauf freuen, diese gediegene Abhandlung, denn als solche giebt sie sich in jedem Satze zu erkennen, im Drucke vorliegen zu haben. Dass der grosse Königsberger Philosoph uns hier auch in seiner Bedeutung als Lehrer der Erdkunde vorgeführt wird, erhöht nicht unwesentlich seine Stellung und Verdienste als bahnbrechender Forscher und ein wichtiger Einfluss äussernder Lehrer der Philosophie im edelsten Sinne.

Die nächsten Vorträge sind jene von Egli »Aus der Entdeckungs-Geschichte der geographischen Namenkunde« und E. Petri »Ueber die Erschliessung Sibiriens«. Den Schluss der eigentlichen Vorträge bildete der Oscar Schneider's über: »Schärfere Begrenzung geographischer Begriffe«; die Verhandlungen fanden einen würdigen Abschluss durch einen Bericht über die Thätigkeit der Zentral-Kommission für Deutsche Landeskunde, welchen Professor Ruge erstattete.

Es sei mir gestattet, mein Referat über den VI. Deutschen Geographen-Tag damit zu beenden, dass ich es als meine Ueberzeugung ausspreche, es habe sich die Institution, welche im Jahre 1881 in's Leben gerufen wurde, auch bei dieser Gelegenheit glänzend bewährt. Wenn es auch nicht möglich war, diese Besprechung ohne jeden Tadel durchzuführen, so muss doch zugegeben werden, dass es nur einiger Umänderungen in den Satzungen und einer strengeren Handhabung derselben bedarf, um dem, was jetzt noch zu Tadel Veranlassung gab, in Zukunft vorbeugen zu können.

121. Sitzung. 7. Oktober 1886.

Vorsitzender: Herr Bürgermeister Dr. Kirchenpauer.

Das Protokoll der vorigen Sitzung wird verlesen und genehmigt.

Der Vorsitzende eröffnet die Sitzung mit folgenden Worten:

Meine Herren! Ich habe die Ehre Sie heute nach langer Sommerpause wieder in dieser Versammlung zu begrüssen, und indem ich das thue, wird es mir vor Allem obliegen, Ihre Aufmerksamkeit für kurze Zeit auf einen schweren Verlust zu lenken, den wir und die geographische Wissenschaft in der Zwischenzeit erlitten haben. Es ist wieder das grosse Geographen-Problem der Erforschung Afrikas, welches ein neues Opfer gefordert hat. Die vor wenigen Wochen eingetroffene Nachricht von dem Hinscheiden Robert Flegels hat in Deutschland in den weitesten Kreisen rege Theilnahme erweckt; die geographischen Gesellschaften insgesammt haben den Verlust eines tüchtigen Mitarbeiters schwer empfunden und gerade unserer Gesellschaft wird vielleicht dieser Verlust besonders nahegehn. Nicht nur war er unser Mitglied, Vielen von uns war er ein lieber und verehrter Freund, Andern wenigstens ein persönlicher Bekannter, Alle aber wissen von ihm durch den Ruf, der ihn in den letzten Jahren als einen tüchtigen, eifrigen Reisenden, als einen der Vorkämpfer gegen die Gefahren und Mühsalen der Afrika-Forschung bezeichnet.

Was uns sein Andenken noch näher bringt ist, dass die Anfänge dieser seiner Thätigkeit hier in Hamburg wurzeln. Flegel war zwar von Geburt weder ein Hamburger, noch ein Deutscher überhaupt, aber doch konnten wir ihn zu den Unseren zählen; er stammte aus den deutschen Provinzen des Russischen Reiches, war, ursprünglich für den Kaufmannsstand bestimmt, in der Jugend von Riga hierher gekommen, hatte in hiesigen Handlungshäusern Stellung gefunden und hier, von dem Wunsche beseelt zu der Erforschung Afrikas mitzuwirken, den Entschluss gefasst, in kaufmännischen Geschäften diesem Ziele näher zu treten. Schon damals hatte der junge Mann Gelegenheit gefunden, die Sitzungen unserer Gesellschaft zu besuchen; mit dem Herrn Sekretair derselben hatte er seine Reisepläne besprochen und durchgearbeitet, in der Deutschen Seewarte hatte er, wie so viele Andere, bei dem Direktor derselben weitere Hülfe gefunden und ein drittes verehrtes Mitglied unserer Gesellschaft verhalf ihm durch Anstellung in seinem Etablissement in Lagos die gewünschte Gelegenheit an der Westküste von Guinea, Land, Leute, Sprache und Geschäft kennen zu lernen. So kam er nach Lagos.

Etwa 5 Jahre später konnten wir ihn wieder in unserer Mitte begrüssen, jetzt schon als erfahrenen Reisenden, der uns hier einen lehrreichen Vortrag hielt, die Westküste Afrikas zwischen Lagos und Kamerun schilderte und von seiner Schiffahrt auf dem Benue berichtete. Dies war in unserer März-Sitzung von 1880, einen Monat früher als er in Berlin durch einen ähnlichen Vortrag lebhaft zum Schutz jener Gegenden aufforderte. — Und wiederum nach 5 Jahren (Oktober 1884) sahen wir abermals den vom Benue zurückgekehrten Robert Flegel in unserer Sitzung, diesmal aber als Reisender der Deutschen Afrikanischen Gesellschaft sich eines weitverbreiteten Rufes erfreuend, beglückt durch erzielte Erfolge und begleitet von zwei stattlichen Männern des Haussa-Landes, welche ihm treue Begleiter auf seiner Reise gewesen, ihm dann nach Europa gefolgt waren und in Hamburg zuerst staunend und bewundernd europäischen Boden betreten hatten.

Dann aber hielt lange Krankheit den strebsamen Mann den Winter über in Berlin zurück; um die Osterzeit machte er hier mit seinen Haussa-Männern die Versammlungen und Festlichkeiten des hier tagenden Deutschen Geographen-Tages mit, und am Schluss desselben schiffte er sich mit neuen Plänen und neuen Hoffnungen nach Afrika ein. — Das Schicksal aber wollte es anders. Es war dies sein letzter Abschied von Deutschland und Europa. Er ist bekanntlich auf dem Schauplatz seiner Thätigkeit einer schweren Krankheit erlegen.

Bei dieser seiner letzten Einschiffung war Flegel von der Afrikanischen Gesellschaft mit einem eigenen, für die Befahrung des Niger-Benue bestimmten Dampfschiffe ausgerüstet worden, welchem er den Namen unseres Mitbürgers »Heinrich Barth« gegeben hatte. Barth war es gewesen, welcher in seinem Reisewerke zuerst die Idee vertreten hatte, dass der grosse Nebenstrom des Niger, der Benue, eine herrliche Wasserstrasse bilde, auf welcher die Kultur von Norden her am besten ihren Eingang in das tropische Afrika finden werde. Diese selbe Idee war es auch, welche Robert Flegel bei seinen Plänen und Entwürfen vorschwebte; dies war das Ziel, welches seinen Reisen die Richtung gab, das Ziel seines Strebens, ja seines ganzen so früh schon abgeschlossenen Lebens. Auf diesem Gebiete liegen auch die Verdienste, welche er sich um die geographische Wissenschaft erworben. Dieselben hier auseinander zu setzen kann nicht meine Aufgabe sein. Auch würde es unnöthig sein, denn alle Tageblätter waren davon voll und die Geschichte der Wissenschaft wird auch Flegels Namen rühmend nennen. Mein Wunsch war nur, Sie auf die Beziehungen aufmerksam zu machen, in welchen unsere Gesellschaft und unsere Stadt zu dem Dahingeschiedenen standen, dem wir um so mehr ein bleibendes, ehrendes Andenken bewahren werden. Wollen wir ihm auch sichtlich eine letzte Ehre erweisen, so bitte ich Sie, sich von ihren Sitzen zu erheben. (Die Versammlung erhebt sich.)

Herr Friederichsen theilt sodann mit, dass Herr Dr. G. A. Fischer nach Vollendung seiner für die geographische Wissenschaft höchst bedeutsamen Reise in Ost-Afrika nach Deutschland zurückgekehrt sei. Der eigentliche Zweck der Reise: Dr. Junker aufzusuchen und ihn wenn möglich zu befreien, sei leider in Folge der feindseligen Stellung Ugandas vereitelt worden. Es gelang Dr. Fischer indessen von Kagehi aus längs des Ostufers des Victoria-Nyansa bis nach dem Lande Kawanga vorzudringen und von dort über Mbaringo-See, Naiwascha-See, Kikuju und Ukamba an die Küste zurückzukehren. Von dieser abermaligen Durchquerung des nördlichen Massai-Landes, sowie von der über Ungú durch das südliche Massai-Land und später längs des Simiu-Flusses bis zum Südufer des Victoria-Nyansa auf bisher von Europäern nicht betretenen Wegen ausgeführten Reise Fischer's, seien bedeutende Resultate für die Wissenschaft zu erwarten.

Nach einigen weiteren geschäftlichen Mittheilungen nimmt Herr Dr. W. Sievers das Wort zu einem Vortrage über seine jüngst vollendeten und mit Unterstützung unserer Gesellschaft in Venezuela ausgeführten Reisen.

Herr Kurt Toeppen spricht darauf über Handel und Handelsverbindungen Ost-Afrikas (siehe pg. 222).

Herr Geheimrath Dr. Neumayer legt schliesslich die just im Druck vollendeten und unter seiner Redaktion edirten Berichte der Deutschen Polarkommission vor, welche zwei starke Quartbände umfassen und betitelt sind: »Die internationale Polarforschung 1882—83. Die Beobachtungs-Ergebnisse der deutschen Stationen. Band I, Kingua Fjord und die meteorologischen Stationen III. Ordnung in Labrador. — Band II, Süd-Georgien und das magnetische Observatorium der Kaiserlichen Marine in Wilhelmshaven.«

122. Sitzung. 4. November 1886.

Vorsitzender: Herr Bürgermeister Dr. Kirchenpauer.

Die Sitzung, zu welcher auf besondere Einladung des Vorstandes auch eine grosse Anzahl Damen erschienen sind, findet ausnahmsweise in der Aula der Gelehrten-Schule des Johanneums statt.

Nachdem der Vorsitzende die beiden Vortragenden, die Herren Lieutenant Hans Müller und Dr. G. A. Fischer begrüsst und der Freude Ausdruck gegeben hat, dass genannte Herren über ihre Erlebnisse in Afrika zu berichten bereit seien, ertheilt er zunächst Herrn Lieutenant Müller das Wort zu dem angekündigten Vortrage über die Reisen der Cassai-Expedition im südlichen Congobecken.

Den zweiten Gegenstand der Tagesordnung bildet ein Vortrag Dr. G. A. Fischers über seine jüngst ausgeführte Reise zur Aufsuchung Dr. Junkers (vergleiche Petermann's Mittheilungen 1886, pag. 363).

In Rücksicht auf die anwesenden Nichtmitglieder glaubt der Vorsitzende die geschäftlichen Mittheilungen auf die Anzeige beschränken zu sollen, dass unser jüngstes Ehrenmitglied, Herr Prof. H. Lange in Berlin, der Gesellschaft einige Hundert mehr oder minder werthvolle Land- und Seekarten älteren und neueren Datums zum Geschenk gemacht habe, welche der Bibliothek einverleibt seien und daselbst in Augenschein genommen werden könnten.

123. Sitzung. 2. Dezember 1886.

Vorsitzender: Herr Bürgermeister Dr. Kirchenpauer.

Die Protokolle der beiden vorhergehenden Sitzungen werden verlesen und genehmigt.

Ein neues Mitglied wird aufgenommen.

Herr Friederichsen widmet dem am 11. November a. c. plötzlich an einem perniziösen Fieber verstorbenen Dr. Gustav Adolf Fischer einen längeren Nachruf (siehe pg. 215). Am Schlusse desselben erweist die Versammlung dem Hingeschiedenen eine letzte Ehre, indem sie sich von den Sitzen erhebt und einhellig auf motivirten Antrag des Vorstandes und des Beiraths, in Anerkennung der Dienste, welche Dr. Fischer durch seine Forschungsreisen in Ost-Afrika der geographischen Wissenschaft im Allgemeinen und ins besondere der Geographischen Gesellschaft in Hamburg geleistet, beschliesst: Das Andenken des Dr. med. G. Adolf Fischer durch Zuerkennung ihrer goldenen Kirchenpauer-Medaille zu ehren und dieselbe dem Vater des Hingeschiedenen zur Aufbewahrung in der Familie auszuhändigen.

Darauf hält Herr Konsul Hernsheim den angekündigten Vortrag über die Marshall-Inseln (siehe pg. 297).

Herr Geheimrath Dr. Neumayer überreicht der Gesellschaft sodann Namens der Deutschen Polar-Kommission ein Exemplar der Ergebnisse der deutschen Expeditionen im Systeme der internationalen Polarforschung und knüpft daran nähere Erörterungen über die Art und Weise der Bearbeitung derselben.

Kassa-Bilanz ultimo 1886.

Einnahme:

An Saldo vom 31. Dezember 1885	M.	1833.26
» Jahresbeiträgen 494 à M. 12, abzüglich M. 1.20 Bestellgeld	»	5926.80
» Zinsvergütungen von der Norddeutschen Bank	»	41.16
	M.	7801.22

Ausgabe:

Per Central-Kommission für wissenschaftliche Landeskunde (Prof. Dr. Lehmann in Münster)			M.	300.00
» Reisespesen an Herrn Kurt Toeppen	M.	100.00		
» » » » Lieutenant H. Müller	»	172.80		
» » » » Dr. G. A. Fischer	»	70.00		
» » » » Dr. Zintgraff	»	73.75		
» » » » J. Weisser	»	44.90		
» » » » Dr. A. Hettner	»	120.70		
» » » » L. Friederichsen	»	75.10		
			»	657.25
» Jahresbeitrag für den Deutschen Geographentag			»	30.00
» Benutzung der Aula des Johanneums			»	30.00
» Feuer-Versicherungs-Gesellschaft in Gotha			»	5.30
» Drucksachen			»	700.07
» Abonnements:				
Export 1886	M.	12.00		
Church Missionary Intelligencer	»	7.20		
Mouvement géographique	»	7.50		
Gazette géographique	»	16.75		
Transport	M.	43.45		

	Transport	M. 43.45	
	Kolonialpolitische Korrespondenz	» 7.50	
	Bulletin officiel de l'Etat indépendant du Congo	» 6.40	
	Journal of the Anthropological Institute of Great Britain	» 6.00	
	Supplementary Papers of the Royal Geographical Society 1884	» 6.00	
			» 69.35
Per	2 Kränze für die Särge Dr. Fischer's und O. Leichhardt's		» 54.15
»	Souper zu Ehren Dr. Fischer's und Lieutenant Müller's		» 47.00
»	Honorare und Gratiale:		
	Schreiber-Gebühren des Sekretariats	M. 1000.00	
	H. Bruns	» 100.00	
	C. Steckmest	» 100.00	
	B. Spilcker	» 50.00	
	Kastellan Haack	» 45.00	
	Bote Müller	» 20.00	
			» 1315.00
»	Porti und kleine Auslagen des Sekretariats		» 249.92
»	Saldo auf 1887		» 4343.18
			M. 7801.22

Mitglieder-Anzahl:

I.	Ehrenmitglieder		17
II.	Korrespondirende Mitglieder		9
III.	Ordentliche Mitglieder:		
	Bestand Ende 1885	498	
	Eingetreten in 1886	14	
		512	
	Gestorben in 1886	18	
	Bestand Ende 1886		494
		Gesammtzahl:	520

Mitglieder-Verzeichniss Ende 1886.

Vorstand.

Präsident: Bürgermeister Dr. **G. Kirchenpauer.**
Vice-Präsident: Geheimer Admiralitätsrath und Direktor der Deutschen Seewarte.
Professor Dr. **G. Neumayer.**
Erster Sekretair: **L. Friederichsen,** Kartograph.
Zweiter Sekretair: Direktor Dr. **K. Friedländer.**
Kassirer: **A. Woermann.**
Generalarzt Dr. **R. Cammerer.**
Direktor der Sternwarte **G. Rümker.**
Revisoren: **E. Güssefeld** und **J. Witt.**

Beirath.

E. Güssefeld.
F. J. H. Hansing.
Direktor Prof. Dr. **G. Hess.**
Kapitain **C. Koldewey.**
Dr. **O. Matsen.**
Direktor Prof. Dr. **Pagenstecher.**
W. Westendarp.
Direktor Dr. **F. Wibel.**
J. Witt.

I. Ehrenmitglieder.

1.	**Andree, Richard,** Dr., Leipzig	Seit 1.	Mai	1886.
2.	**Bastian, A.,** Prof. Dr. Berlin	» 7.	»	1874.
3.	**Becker, M. A.,** Ritter von, Hofrath. Wien	» 4.	März	1875.
4.	**Berghaus, Herm.,** Prof. Dr. Gotha	» 4.	»	1875.
5.	**Correnti, Cesare.** Rom	» 4.	»	1875.
6.	**Lange, Henry,** Prof. Dr. Berlin	» 1.	Mai	1886.
7.	**Kiepert, Heinr.,** Prof. Dr. Berlin	» 4.	März	1875.
8.	**Negri, Cristoforo,** Prof. Dr., Ehrenpräsident der Italienischen Geogr. Gesellschaft. Turin	» 7.	Mai	1874.
9.	**Neumayer, G.,** Geheimer Admiralitätsrath und Direktor der Deutschen Seewarte, Prof. Dr.	» 3.	Juni	1875.
10.	**Nordenskiöld, Erik,** Freiherr von, Prof. Stockholm	» 5.	Febr.	1880.
11.	**Palander, L.,** Marine-Lieutenant, Stockholm	» 5.	Febr.	1880.
12.	**Payer, Julius,** Dr. Frankfurt a. M.	» 4.	März	1875.
13.	**Richthofen, Ferdinand,** Freiherr von, Prof. in Berlin	» 7.	Mai	1874.
14.	**Rohlfs, Gerhard,** Hofrath, Dr. Weimar	» 4.	März	1875.

15.	**Schweinfurth, G.**, Dr. Cairo	Seit	4. Febr.	1875.
16.	**Stanley, Henry M.**	»	7. »	1878.
17.	**Wilczek, Hans**, Graf von, Excellenz, K. K. wirklicher Geheimrath. Wien	»	4. März	1875.

II. Korrespondirende Mitglieder.

1.	**Burmeister, H.**, Prof. Dr. Buenos Aires	Seit	7. Okt.	1875.
2.	**Cohen, Emil**, Prof. Dr. Greifswalde	»	9. Sept.	1875.
3.	**Debes, E.**, Kartograph, Leipzig	»	1. Mai	1886.
4.	**Hesse-Wartegg, Ernst von**	»	4. Dez.	1879.
5.	**Holten, Herm. von.** Cochabamba	»	5. Jan.	1882.
6.	**Keller, Richard,** Rufisque am Senegal	»	6. Nov.	1884.
7.	**Kubary, Joh.**, Südsee	»	9. Sept.	1875.
8.	**Léonce, Richard.** Bordeaux	»	9. »	1875.
9.	**Shillinglaw, John J.** Melbourne	»	1. April	1880.

III. Ordentliche Mitglieder.

1. Ahlborn, F., Dr.
2. Ahlers, Jacob.
3. Ahlsberg, A., Dr., Oberarzt.
4. Albers-Schoenberg, A. H.
5. Aly, Paul, Dr. med.
6. Amsinck, J., Dr. med.
7. Amsinck, L. E.
8. Amsinck, M. G.
9. Amsinck, Wilh.
10. Antoine-Feill, Dr., sen.
11. des Arts, Henry.
12. Ballin, Alb.
13. von Bargen, Chr.
14. Barthold, Dr, Oberlehrer, Altona.
15. Bauch, Heinr., sen.
16. Becher, Oberregierungsrath.
17. von Becherer, Major.
18. Bechtel, Wm.
19. Behn, Theodor, Dr.
20. Beith, M.
21. Bergner, Philipp.
22. Berkefeld, W.
23. von Bernuth, J., Prof.
24. Beutler, H. F. A., Hauptmann.
25. Bieber, Franz, Voguell.
26. Bieber, G. R.
27. Bieling, Adolph.
28. Binder, Herm.
29. von Bippen, Arnold.
30. Bleckwedel, C. H., Lehrer.
31. Blumenthal, Aug.
32. Böhl, Ludwig.
33. Böhling, Georg.
34. Bötzow, C., Dr.
35. Bohlen, Ed.
36. Boehme, Dr., Oberstabsarzt.
37. Bolten, Aug.
38. Booth, Arthur.
39. Booth, Oscar.
40. Booth, Stanley.
41. Borstelmann, J., Wandsbek.
42. Brach, Rud.
43. Brackenhoeft, E., Dr.
44. Brauss, Herm.
45. Brieger, Carl.
46. Brock, Gustav.
47. Brohm, Walter.
48. Bromberg, A., Dr. jur.
49. Brückmann, Alb.
50. Bülau, G., Dr. med.
51. Büsch, Oscar.
52. Büsing, Rudolf.
53. Buhrow, P. G.
54. Burchard, O. J.
55. Burchard, Th.
56. Burchard, Wilh., jr.
57. Burmeister, H.
58. Calais, P., Dr.

59. Cammerer, Rud., Dr., Generalarzt.
60. von Cassini, Arthur, Graf, wirkl. Staatsrath, General-Konsul.
61. Chaplin, Edw.
62. Classen, J., Dr., Direktor.
63. Clauss, Friedr.
64. Clauss, Wilhelm.
65. Cohen, B., Dr.
66. Cohn, Carl.
67. Colpe, Hermann.
68. Cordes, Albert.
69. Cordes, Aug. C.
70. Cords, Julius.
71. Crasemann, Max, Dr.
72. Crasemann, Rudolf.
73. Curschmann, Dr. med., Direktor.
74. Danzel, A., Dr. med.
75. Dehn, Max, Dr. med.
76. Dellschaft, Herm.
77. Dempwolff, Rud.
78. von Dewitz, Premierlieutenant.
79. Dieckmann, J. A. C.
80. Dieckmann, H. W., jr.
81. Diestel, G. L. F.
82. Diestel, Arnold, Fr. G., Dr.
83. Dinklage, Abtheilungs-Vorstand der Seewarte.
84. Dollmann, Carl, Paul.
85. Drews, Premierlieutenant.
86. Duncker, Arthur, Direktor,
87. Eben, H., Premierlieutenant.
88. Eckardt, M.
89. Eggert, Carl.
90. Eisenlohr, K., Dr. med.
91. Elkan, W., Konsul.
92. Embden, G. H., Dr.
93. Enet, G. R.
94. Engel, Felix, Ingenieur.
95. Engel, Julius, Landgerichts-Direktor.
96. Ernst, Gottfried.
97. von Ewald, Eduard.
98. Falck, Martin.
99. Firgau, Victor, sen.
100. Fischer, A., Dr.
101. Fischer, Hauptmann.
102. Fischer, G. W.
103. Fitzler, Johs., Dr.
104. Fixsen, J. H.
105. Föhring, H., Dr., Landgerichts-Direktor.
106. Fölsch, Aug.
107. Forst, W. H.
108. Förster, Aug.
109. de Freitas, A.
110. Friederichsen, Ludwig, Kartograph.
111. Friedländer, J. H.
112. Friedländer, K., Direktor, Prof., Dr.
113. Fritz, Rud.
114. Gadewoltz, P.
115. Gaiser, G. L.
116. Gilbert, Hugo, Dr.
117. Gildemeister, Joh., Dr., med., Gleschendorf.
118. Godeffroy, A.
119. Godeffroy, C., jr.
120. Goedelt, C. M., General-Konsul.
121. Goetz, Albert, Lehrer.
122. Goldenberg, Wm., jr.
123. Goldschmidt, Martin.
124. Gossler, H., Dr.
125. Gossler, John Berenberg.
126. Gossler, Oscar, Dr.
127. Gottsche, C. M., Dr., Altona.
128. Goverts, Wilh.
129. Graetz, Aug.
130. Grallert, Emil, Konsul.
131. Greibe, C.
132. Groenewold, E. B.
133. Gross, G., Dr.
134. Grote, Herm.
135. Grünewald, A.
136. Günter, G. H.
137. Güssefeld, Emil.
138. Güssefeld, Otto, Dr.
139. Gütschow, Anton.
140. Gütschow, C. T., Dr.
141. Gütschow, Otto Julius.
142. Haas, Heinr.
143. Hahn, Ernesto.
144. Hahn, L.
145. Hallier, E.
146. Hamann, Ad. G. W.
147. von Hane, Alfred.
148. Hane, A.
149. Hansing, F. J. H.
150. Harder, Herm.
151. Hargreaves, J. W. H.
152. Haring, G. H., Dr.
153. Harke, L. F. C., Dr. jur.

154. Harms, L., Schulrath.
155. Hartmeyer, E., Dr.
156. Hartogh, M. H.
157. Hasche, Oscar, Dr., Referendar.
158. Hastedt, H. D.
159. Haupt, Woldemar.
160. Hausenfelder, Hauptlehrer.
161. Haustedt, F. D. A.
162. Hayn, M. Th., Senator.
163. Hegemann, F., Kapitain.
164. Heinichen, A., Dr.
165. Heitmann, Thomas.
166. Helms, Herm.
167. Herbst, L. F., Prof., Dr.
168. Hermsen, Diedr.
169. Hermsen, Theod.
170. Hernsheim, Franz, Konsul.
171. Herrmann, M. A., Konsul.
172. Hertz, A. F., Senator.
173. Hertz, G., Dr., Oberlandesgerichtsrath.
174. Hertz, John, E.
175. Hess, Direktor, Prof., Dr., Altona.
176. von Heydebreck, Premier-Lieutenant.
177. Heye, F. C. Th., Kommerzienrath.
178. Heyne, Fritz.
179. Hinrichsen, M. W.
180. Hinrichsen, Siegmund.
181. Hinsch, J. D.
182. Hirsch, Ph., Dr.
183. Hirsche, K. G., Dr., Senior Ministerii.
184. Hoche, R., Direktor, Prof., Dr.
185. von Hohenthal, Lieutenant, Graf.
186. von Holten, A.
187. Holtzapfel, Ed.
188. Homann, D. A.
189. Hooge, Carl.
190. von Hostrup, Gerh.
191. Hübbe, Hugo.
192. Hübbe, O. J.
193. Hüttner, H. O.
194. Jacobsen, W., Direktor.
195. Jannsen, Heinr., Schuldirektor.
196. Jantzen, C. F. W.
197. Jencquel, G. A.
198. Imray, James, Frederick, F. R. G. S. London.
199. Joachim, C., Dr.
200. Jordan, Julius.
201. Israel, John, Dr.
202. Jürgens, A. C., Dr.
203. Karutt, Carl.
204. Kayser, Alfred.
205. Kauffmann, Alfred.
206. Kellinghusen, A. H., Dr.
207. Kelting, Theodor.
208. Kersten, C. F. W., Schulrath, Dr.
209. Kirchenpauer, G., Dr., Bürgermeister.
210. Kleinschmidt, Max, Dr.
211. Knauer, G.
212. Knauer, W., Senator, Altona.
213. Koch, G., Dr., Vorstand d. statist. Bureaus.
214. Koeppen, W., Prof., Dr.
215. Koldewey, Karl, Kapitain.
216. Kramer, Otto.
217. Kraus, C. Th., Dr., Medicinalrath.
218. Krause, R., Dr. med.
219. Krebs, W., Kandidat.
220. Krieg, E., Dr. med.
221. Krieger, Geh. Oberfinanzrath, Altona.
222. Kroeplin, Franz, jr.
223. Krogmann, F. G. A., Dr. med.
224. Krogmann, H.
225. Krogmann, J. F.
226. Krütli, G. R. A. F.
227. Krumbein, G.
228. Kugelmann, Ferd.
229. Kunhardt, F., Dr., Senator.
230. von Kusserow, Kgl. Preuss. Gesandter, Excellenz.
231. Lachmann, Julius.
232. Laeisz, C. Ferd.
233. Laeisz, C.
234. Lange, Caesar.
235. Lantzius, Otto.
236. Lau, H. F. W.
237. Lavy. Chs., jr.
238. Leo, Carl, Dr., Syndikus.
239. Letz, Geh. Postrath.
240. Levinsohn, Martin.
241. Lion, Eugen.
242. Lipschütz, G.
243. Lipschütz, L.
244. Lissmann, Fr.
245. Loesener, F.
246. Lomnitz, F., Dr. med.
247. Lubcke, A.
248. Lüders, C. W.
249. Luis, Vincent.

250. Lund, J. G., Konsul, Altona.
251. Luttrop, C. C.
252. Lyon, Alfred.
253. Maass, Ernst.
254. Magnus, S., Bergedorf.
255. Mahraun, Seminar-Direktor.
256. Marburg, Caesar.
257. Marcus, Hermann.
258. Marquardt, L., Dr.
259. Matsen, O., Dr.
260. Matthiessen, F. E., Direktor.
261. Meinardus, Otto W.
262. Meinnolff, Aug.
263. Melchior, M.
264. von Melle, Emil, Senator.
265. Mertens, R., Dr.
266. Mestern, Robert J.
267. Metz, Ad., Prof., Dr.
268. Meyer, Adolf Aug.
269. Meyer, Ernst.
270. Meyer, Ferd.
271. Meyer, H. A., Dr.
272. Meyer, H. C. Eduard.
273. Meyer, J. Arthur F.
274. Meyer, T. F. J.
275. Meyersberg, M.
276. Michaelsen, Wilhelm.
277. Michow, H., Dr.
278. Micolci, A., Dr.
289. Miehe, Otto.
280. Mohrmann, J., Dr.
281. Moeller, A. E., Marine-Inspektor.
282. Moenckeberg, R., Dr.
283. Molinari, Ottomar.
284. Möring, C. P. F., Senator.
285. Moll, Ed. L.
286. Müller, Clemens.
287. Müller, Ernst.
288. Müller, H. A.
289. Müller-Beeck, F. G., Tokio.
290. Münchmeyer, A. jr.
291. Münchmeyer, H., Konsul.
292. Mundt, J. W.
293. von Mutzenbecher, Joh., Freiherr.
294. Nagel, C. Ed.
295. Neumayer, G., Direktor, Professor, Dr., Geh. Rath.
296. Niebour, Th., Direktor.
297. Niemeyer, E.
298. Nölting, Emile, General-Konsul.
299. Noodt, Val., Dr., Direktor.
300. Nordheim, Louis.
301. Oehrens, W., Dr.
302. von Ohlendorff, Albertus.
303. Oppenheim, Alb.
304. Oppenheim-Gérard, Georg
305. Osenbrüg, A.
306. von der Osten, gen. Sacken, Freiherr, Hauptmann.
307. O'Swald, A. P.
308. O'Swald, Fritz.
309. O'Swald, Wm., Senator.
310. Ottens, F.
311. Otto, M., Dr.
312. Pagenstecher, Direktor, Professor, Dr.
313. de Paraguassú, Vicomte, General-Konsul.
314. Paul, Johs.
315. Pauly, C. Aug.
316. Pechner, Robert.
317. von Pelet-Narbonne, Oberstlieutenant.
318. Petersen, C., Dr., Bürgermeister..
319. Petersen, G., Dr.
320. Petersen, Henry.
321. Philipp, F., Dr. med.
322. Philippi, Herm.
323. Pickenpack, Paul.
324. Pickenpack, Vincent.
325. Pieper, Oscar, Dr.
326. Piglhein, Ludw.
327. Pinckernelle, A. E.
328. Plagemann, J. C.
329. Plass, H., Dr.
330. Pollacsek, J. A., Dr.
331. Pontoppidan, E.
332. Pontoppidan, H., General-Konsul.
333. Probst, W., Bank-Direktor.
334. Prochownick, L., Dr. med.
335. zu Putlitz, Gans Edler Freiherr, Oberstlieutenant.
336. von Radowitz, Generalmajor, Altona.
337. Raeder, Ole Munch, General-Konsul.
338. Rapp, Th., Senator.
339. Raynal, A.
340. Rech, J.
341. Redlich, C., Dr., Direktor.
342. Rée, Rud.
343. Refardt, J. F. C.
344. Reichwagen, L.

345. Reinstorff, E., Professor Dr.
346. Repsold, J. A.
347. Repsold, J. Georg, Rio de Janeiro.
348. Repsold, Oscar.
349. Richers, W.
350. Robertson, H.
351. Robertson, R. J.
352. Robertson, Wm.
353. Robinow, Carl.
354. Robinow, Herm.
355. Robinow, J. A.
356. Roepe, H., Dr., Hauptpastor.
357. Rohde, Dietrich, Prof., Dr.
358. Rohlsen, Gust.
359. Roosen, B. C., Pastor.
360. Roosen, B. Otto.
361. Rosatzin, Franz, Direktor.
362. Roscher, H.
363. Rosenfeld, Louis.
364. Ross, D.
365. Rossin, Julius.
366. Rümker, G., Direktor.
367. Ruperti, J.
368. Ruperti, Oscar.
369. Ruths, Valentin.
370. Sadebeck, R., Professor, Dr.
371. Sauber, Herm.
372. Schaernack, Edm., Dr., Oberstabsarzt.
373. Schaller, Dr., Oberzollrath.
374. Schemman, Gustav.
375. von Scheven, Dr., Oberstabsarzt. Wandsbek.
376. Schier, Aug.
377. Schiffmann, Ludw., General-Konsul.
378. Schiller, Gust., Frankfurt a. M.
379. Schlaeger, G.
380. Schlubach, Heinr. Ad.
381. Schlüter, David, Dr.
382. Schlüter, Franz C.
383. Schlüter, Julius D.
384. Schmid, E., Direktor.
385. Schmid, Henry.
386. Schmidekam, Dr. med., Blankenese.
387. Schmidt, F. G.
388. Schmilinsky, J. F.
389. Schneider, Karl, Dr.
390. Schön, C. A. W., General-Konsul.
391. Schrader, Joh. Hartwig.
392. Schrader, Ludw., Wasserbau-Kondukteur.
393. Schramm, Adolph.
394. Schröder, Johs., jr.
395. Schröder, Julius.
396. Schroeter, Franz, Dr.
397. Schück, A., Kapitain.
398. Schultess, Karl, Dr.
399. Schultz, Theodor.
400. Schultz, Wilhelm.
401. Seebohm, J., Dr.
402. Seifer, Th., Oberlehrer.
403. Seligmann, Emil.
404. Seligson, Herm.
405. Sellin, C. W., Oberlehrer.
406. Sieben, F. C.
407. Siemssen, G. T.
408. Sieveking, Johs.
409. Sieveking, W., Dr. med.
410. Sievers, L.
411. Sievers, W., Dr.
412. Sieverts, R. C.
413. Sloman, Rob. M.
414. von Sluytermann-Langeweyde, Intendantur- und Baurath, Altona.
415. Söhle, Martin, Dr.
416. Sohst, Heinrich.
417. Sommer, Major, Ottensen.
418. Spihlmann, A.
419. Sprick, H.
420. Stade, C. Theodor.
421. Stahmer, J. F. T., Senator.
422. Steinhaus, C. F., Schiffbau-Ingenieur.
423. Stephan, E., Lehrer.
424. Stoffert, Ad., Cand.
425. Stohlmann, Paul Franz.
426. Stoltz, Herm.
427. Strack, Ad., jr.
428. Strebel, Herm.
429. von Stuckrad, Oberst-Lieutenant, Altona.
430. Stürken, Otto, Dr., Referendar.
431. Sudeck, J. L.
432. Suhl, J. F. M.
433. Tesdorpf, G., Dr.
434. Tetens, A. F., Wasserschout
435. Thormählen, J.
436. Tietgens, Gust. W.
437. Tietgens, H. A.

438. Timm, A., Marine-Ingenieur.
439. Traun, H., Dr.
440. Traun, Otto.
441. Tüngel, Emil, Dr. med.
442. Udewald, W.
443. Ulex, G. F.
444. Ulex, H., Dr.
445. Ulrich, Otto, Kapitain.
446. Ulrich, W., Dr.
447. Versmann, E.
448. Versmann, J., Dr., Senator.
449. Vett, F. J. E., Pastor.
450. Vidal, Oscar.
451. Vogler, C. J. L.
452. Voller, A., Direktor, Dr.
453. Vorwerk, Ad.
454. Wagner, Herm., Dr.
455. Wappäus, A. H.
456. Warburg, Ferd.
457. Warburg, Joh. R.
458. Warburg, Pius, Altona.
459. Warburg, S. R.
460. Warburg, Siegmund,
461. Weber, J.
462. Wedeles, Heinr.
463. Weickhmann, H., Kapitain z. S.
464. Weisser, J., Wilhelmshaven.
465. Weissflog, Ad. Wilh.
466. Wellig, Th., Dr.
467. Wencke, Fr.
468. Wentzel, A. E.
469. Westendarp, Georg, Ingenieur.
470. Westendarp, W.
471. von Westenholz, Freiherr, General-Konsul.
472. Westerich, C. A. Eduard.
473. Westphal, C. W. L.
474. Westphal, E., Dr.
475. Westphal, Otto E.
476. Wibel, F., Dr., Direktor.
477. Wichmann, E. H.
478. Wichmann, N. D.
479. Wiengreen, Fritz.
480. Wiengreen, J.
481. von Wilamowitz-Moellendorf, Major. Wandsbek.
482. Wille, Th.
483. Winter, Ph.
484. Witt, J.
485. Witt, W.
486. Woermann, Ad.
487. Wölber, Francis, Konsul.
488. Wohlwill, Th.
489. Wolf, R., Dr. med.
490. Wolff, Otto G.
491. Wolffson, J., sen., Dr.
492. van Zeller, Francisco, General-Konsul.
493. Ziegenbein, F. H., Ottensen.
494. Zimmermann, Th. G., Dr.

Innerhalb des Zeitraums vom 1. Jan. 1885 bis Ende Dezember 1886 sind gestorben:

1. Präsident Dr. S. Albrecht.
2. Dr. med. J. F. Arning.
3. A. Bastian.
4. Eduard von Ewald.
5. J. H. Friedländer.
6. Direktor Prof. Dr. Genthe.
7. F. Gildemeister.
8. J. C. Godeffroy sen.
9. Dr. med. J. Halberstadt.
10. Carl Geo. Heise
11. Dr. med. Wilh. Hertz.
12. G. F. Holst.
13. Martin Hertz.
14. Franz Küstermann.
15. Julius Raecke.
16. Reichsbankdirektor Schayer.
17. Konsul G. Schünhoff.
18. Bürgermeister Dr. Weber.

Druck von Ackermann & Wulff in Hamburg.

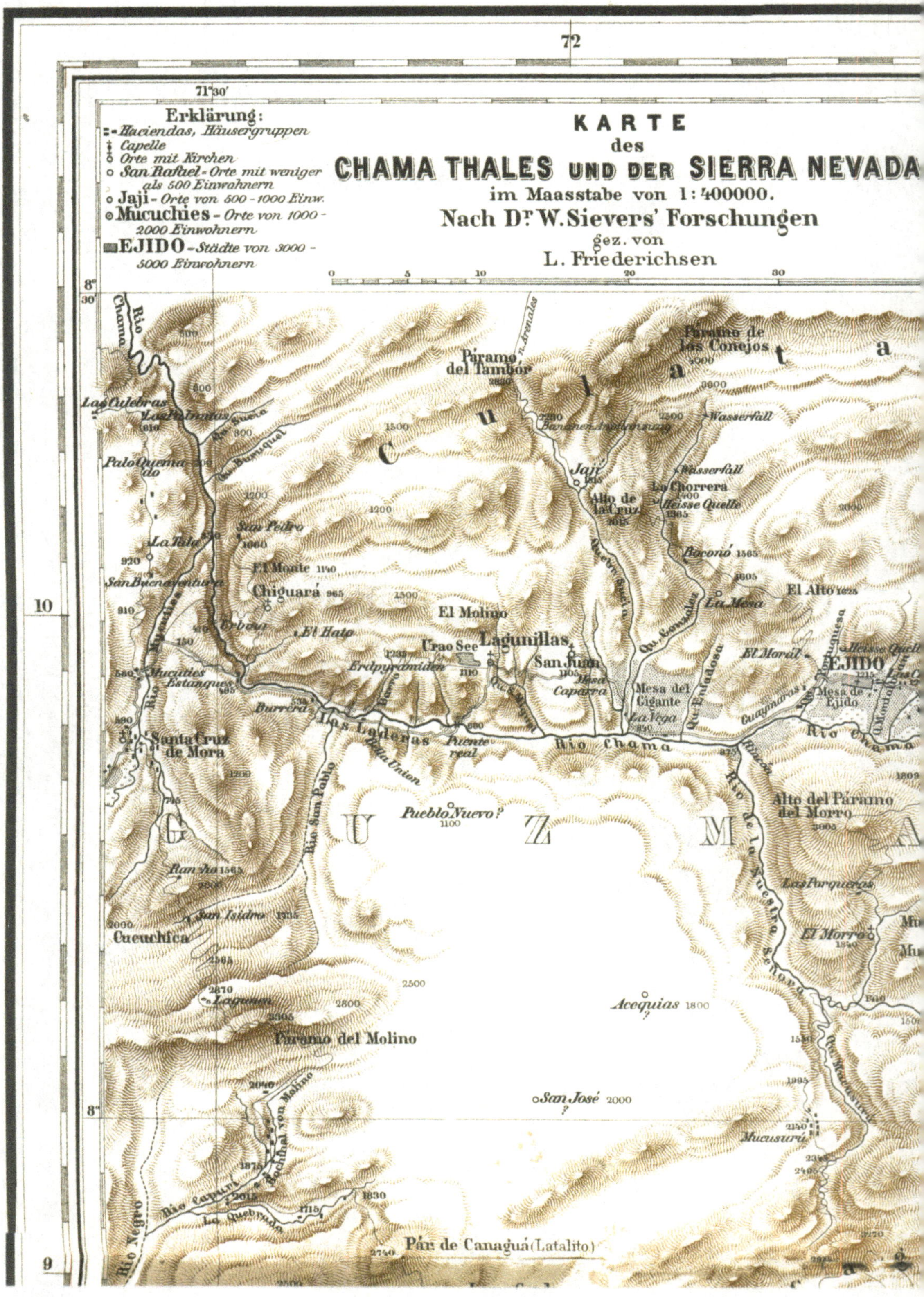
KARTE
des
CHAMA THALES UND DER SIERRA NEVADA
im Maasstabe von 1:400000.
Nach Dr. W. Sievers' Forschungen
gez. von
L. Friederichsen
Erklärung:
Haciendas, Häusergruppen
Capelle
Orte mit Kirchen
San Rafael - Orte mit weniger als 500 Einwohnern
Jaji - Orte von 500 - 1000 Einw.
Mucuchies - Orte von 1000 - 2000 Einwohnern
EJIDO - Städte von 3000 - 5000 Einwohnern
0 5 10 20 30
72
71°30'
8°
30'
8°
10
9
Rio Chama
Las Culebras
La Palmitas
Palo Quemado
San Pedro
La Tala
El Monte 1140
Chiguará 965
San Buenaventura
El Hato
Mucuties
Estanques
Barrera
Santa Cruz de Mora
Las Laderas
Buena Union
Puente real
Páramo del Tambor 3820
Páramo de los Conejos
Bananen Anpflanzung
Wasserfall
Jaji
Alto de la Cruz
La Chorrera
Heisse Quelle
Boconó 1565
La Mesa
El Alto 1625
El Molino
Urao See
Lagunillas
San Juan
Erdpyramiden
Mesa Caparra
Mesa del Gigante
La Vega
El Moral
EJIDO
Mesa de Ejido
Rio Chama
Alto del Páramo del Morro
Pueblo Nuevo? 1100
G U Z M A
C u l a t a
Rio San Pablo
Rio de la Nuestra Señora
Las Porqueras
El Morro
Rancha 1565
San Isidro 1735
Cucuchica
Laguna
Páramo del Molino
Acequias 1800
San José 2000
Mucusurú
Rio Capaya
La Quebrada
Rio Negro
Pár. de Canaguá (Latalito)

71
70
71° W.L.v.Gr.
70°30'
rklärung:
pt-Verkehrswege
stige Maulthierpfade
Dr. Sievers' Routen
serfälle
cken
en, Weidegründe
as-Schotter-Terrassen
n Meter. Die gemessener
fetter, die geschätzten
Haarschrift.
Pan de Azúcar 4640
Culata 4400
Llano Malpaso
Alto del Páramo de Mucuchies
4120
8°
30'
Piedra Gorda
Barra Negro
Letztes Haus
Quintero
Mucuchies
Pár. de S. Domingo
Los Apartaderos
San Rafael
Hacienda Pintono
Cerro de los Hoyos
Picacho Hernandez
Hacienda
Cenizero
Schneekette von Santo Domingo
4600
Venado
Mucurubá
Escagüei
Michucavá
Cardenillo 3600
Escurial
Chama
Tabai
Rio Mucujún
Rio Albarregas
4000
Alto del Fraile
Pár. de los Loros
Nevada
Capelle
H. Quintero
Wasserfall
Pár. de los Parros
Pic. Toro
Picacho Concha
Pic. León
Picacho Colina
Los Nevados ?
Nuestra Señora
K e t t e
Don Pedro
3200
Rio Ceniza
R. Carache
Llanos de Monai
Monai
R. Motatán
S. Gonzalo
Sabana larga
Pampan
Las Trincheras
Betijoque
Valera
Siquisai
Posada
Pampanito
C. Zamaro
S. Rafael de Carbajal
Escuque
El Alto
Rio Buena Vista
Mimpos
Isnotú
San Juan
El Zapatero
Las Guerras
La Plazuela
El Pescado

69
Erklärung:
Haciendas, Häusergruppen, Gehöfte
Capelle
Orte mit weniger als 1000 Einwohnern
Orte von 1000 bis 10,000 Einwohnern
Städte mit mehr als 10,000 Einwohnern
MÉRIDA = Hauptstädte der Staaten
Trujillo = Sitz der Regierung der Secciones
Heisse Quelle. Mesas (Schotter Terrassen)
Kupfer-Fundstätten Sumpf
Wasserfälle Beginn der Schiffbarkeit
Eisenbahnen im Betrieb
Eisenbahnen im Bau
Fahrwege
Maulthierpfade
Dr W. Sievers' Routen 1884 - 85
Landesgrenze gegen Colombia
Grenze des alten Seebodens des Valencia See's
Höhen in Meter.
Die geschätzten Höhen in Haarschrift
Abkürzungen:
Bai (Bahia).- Cer.- Cerro.- C. n.- Capacho nuevo.-
Hac.- Haus, Hacienda.- I.- Insel (Isla) - K.- Kette.- Llano S. Anton.-
Llan San Antonio.- P. Pár.- Páramo (hoher, kahler, baumlo Berg.- Pic.- Picacho (Spitze).- Qu.,
Quebr.- Quebda (Thal mit fliessendem Gewässer).-
R.- Rio (Fl.).- R. Pampl.- Rio Pamplonita.- S.- San.-
Sab.- Sabai (Grassteppe).
L A R A
Y A R A C U I
C A
BARQUISIMETO 605
San Felipe
Cocorote
Guama
Cuara
Chivacoa
Urachiche
Yaritagua
Santa Rosa
Cabudare
Nirgua
Cerro Erjalma
Quibor 730
Curarigua
El Tocuyo
Sarare
Araure
Acarigua
Agua Blanca
Rio Claro
Cerro Zancudo 1500
Carache
Viso
Sanare
Rio Cojedes
Rio Yaracui
Portuguesa Kette

68
67
KARIBISCHES MEER
Puerto Cabello
Choroni
Ocumare
Valencia See
(Tacarigua S.)
VALENCIA
Maracai
Turmero
La Victoria
S. Mateo
Consejo
Los Teques 1150
Alto la Cortada 1270
Los Canales 1185
Los Colorados 803
CARÁCAS
El Valle
La Vega
Antimano 923
La Guaira
Avila 2176
Macarao
Tovar
Pic. de la Colonia
Guaracara
San Diego
S. Joaquin
Guacara
Los Guayos
Culebra I.
Villa de Cura
Zamuro
Cerro Yuma
Cerro Azul 1187?
Palmar
Baul 669?
Platilla 1886?
Cuipa 1000?
Tinaquillo
San Sebastián
Rio Guárico
Morros de S. Sebastián
Malpaso
(Piedras Azules)
Flores 390
Cerro de Flores
Urirera 265
Parapara 235
Ortiz 215
Rio Paya
La Galera
Cua
Ticata
Rio Tuy
Guaraima
Alto de la Puerta
Loma Hierro
Pao de Sarate
Fila Rabón 1103
Serrania del Interior
GUZMAN BLANCO
Carlos
10
9
72°
Heisse Quelle
La Plata
Trinidad
Palmarito
El Tabacal
Zea
Tovar 900
P. Mariño
Guaimes
Santa Rita
Mesa de la Laguna
Erklärung:
Haciendas, Häusergruppen, Gehöfte
Capelle
Orte mit Kirchen
Los Nevados - Orte mit weniger als 500 Einwohnern
Zea - Orte von 500 - 1000 Einwohnern
Lobatera - Orte von 1000 - 2000 Einwohnern
Tovar - Städte von 2000 - 3000 Einwohnern

Loma Gorda
Loma Aguada
Loma Orumo
Libertad (Canagua)
Loma del Fraile
Páramo de
71°30'
Tiefland des Zulia
Rio Chama
Mesa de las Culebras
Las Culebras
La Tala
R. Culebrilla
Rio Guarurie
S. Buenaventura
R. Escalante
Heisse Quelle
La Plata
Estanques
Santa Cruz de Mora
Zea
Geguines
Tovar
San Pablo
Bailadores
Pueblo Hondo
Portachuelo del Palmar
Sabana grande
P. Guaraque
Guaraque
Par. Portachuelo
Par. del Batallón
Seboruco
La Grita
El Cobre (Vargas)
Portachuelo I
Cimarrona
Pregonero
P. de las Agrias
Callejon Colorado
Portachuelo II
P. de Hornos
Pico de Gu
Pico Tener
La Trampa del Tigr
Almorzadero
Rio Zulia
Puerto Villamizar (Buenaventura)
Grenze der Dampfschiffahrt
Nach Maracaibo 6 Tage
Jaira
Alto Viento
Uripaya
Puerto de las Guamas
Rio Lobaterita
Rio de la Grita
San Faustino
8
El Peronilo
San Juan de Colon
Norte
Machado
Angaraveca
El Rio
Michelena
Los Hornos
Agua Blanca
Tasajero
El Tablon
Lobatera
Zumbador
El Guacheracal
Pueblo de Cúcuta
Ureña
San José de Cúcuta
La Vega
El Rosario de Cúcuta
San Antonio
Las Lomas
Borota
El Llano
Táriba
San Cristóbal
La Fortuna
Queniquea
La Machema
Quebr. Aldogordo
Doña Juana
Cuesta de Capote
El Abra
Rubio
Volador
San Josecito
La Florida
Pan de Azúcar
El Cambujo
Barranco Colorado
El Raizon
Apartaderos
Quebr. Marjita
Las Planadas
Las Mochilas
La Teja
C. de los Indios
Bramón
Petrolia
Agua Dulce
Quinimarí
Cerro de Oro
Uribante Kette
R. Uribante
R. Frio
R. Churuvú
R. Pescuezo
R. Dorado
R. Naval
Rio Caparr
Grenze des Staates
San Antonio de
Páramo de Tamá 3000
Pamplona 2290
R. Táchira
72
COLOMBIA
SANTANDER
LOS ANDES

DR. W. SIEVERS' ORIGINAL-
DER
VENEZOLANISCHEN
IM MAASSTABE VON 1:
bearbeitet u. gezei
von
L. Friederichs
1887.
Nautische Meilen (60-1°
Deutsche geogr. Meilen (15
Kilometer (111,3-1°)
Höhen in Meter.
71
70° Westl
Trujillo
Mendoza
La Puerta
P. Mendoza 2800
Páramo de la Sal 3000
Páramo de las Tapias 3500
Pan de Azúcar 4640
Páramo de los Conejos 4600
Culata 4400
Salado
Pic. Miranda
Pueblo Llano
Par. Volcan
Helechal
Altamira 890
P. de los Granates 4000
Barinitas 595
Schneekette von Santo Domingo 4600
Alto del Fraile 4000
P. de los Loros 4200
P. de los Parros 4400
Pic. Concha 4700
Pic. Columna 4700
Los Nevados
Sierra Nevada
MERIDA
Ejido
El Alto 1625
Pic. Leon 4600
Don Pedro 3200
Páramo de Aricagua
Aricagua 1015
Mucuchapi 1560
El Alto de Caparro 2060
El Alto de Cañelones 1430
La Cuchilla 730
Quiú 240
Capitanejo 245
Rio Capitanejo
Sabana de los Curitos
R. de los Curitos
Rio Pedraza la vieja
Rio Santa Barbara
Barro Negro
Quebrada Seca

HAMBURG:

iche Länge von Greenwich

69

L. FRIEDERICHSEN & Co.

Lith. Anst. v. Leopold Kraatz, Berlin.

FSC
www.fsc.org
MIX
Papier | Fördert gute Waldnutzung
FSC® C083411

Kolibri 360 GmbH
Ferdinand-Jühlke-Straße 7
99095 Erfurt, Deutschland
produktsicherheit@kolibri360.de